Das Fischbuch des Bodensees

Nach dem Original der
Zentralbibliothek in Zürich
Sig. 6.326/2

Seid fruchtbar und mehrt Euch,
und erfüllt das Wasser des Meeres.

(Genesis 1.)

Das Fischbuch des Bodensees

Faksimile und Transkription

Gregor Mangolt
(Autor)

Martin Hochleithner
(Herausgeber)

AquaTech
Publications

Impressum

Titelbild: Holzschnittabbildungen
Fischarten: Forelle, Trüsche, Karpfen
Umschlaggestaltung: Martin Hochleithner

AquaTech Publications
Unterbrunnweg 3
6370 Kitzbühel, Österreich

http://www.aqua-tech.eu
http://www.aquatech.8m.com
http://www.aquaculture-com.net

Hergestellt in Deutschland:
Books on Demand GmbH
ISBN: 978-3-902855-21-3

In Zusammenarbeit mit:
Zentralbibliothek, Zürich
(Sig. 6.326/2)

Inhalt

Einleitung

Das Fischbuch „Von der Natur und Eigenschaft der Fische“ des Bodensees, aus dem Jahre 1557, ist das älteste bekannte Buch über die Fische des Bodensees. Es ist selbst nach dieser langen Zeit immer noch von Interesse.

Dieses Fischbuch überliefert im ersten Teil in einzigartiger Weise die Fischnamen, die im 16. Jahrhundert am Bodensee in Gebrauch waren und dokumentiert das damalige fischkundliche Wissen. Der zweite Teil mit 30 Fangrezepten belegt einen weiteren fischereikundlichen Sachtext mit Fangtechniken aus dem 15. Jahrhundert.

Der alte Text ist auch heute noch relativ gut zu lesen und zu verstehen. Einige der früheren Namen der Fische wie Rötelen (Rötel = Seesaibling) und Eglin (Egli = Flussbarsch) werden im Bodenseeraum auch heute noch großteils so oder so ähnlich bezeichnet. Andere Fischnamen wie Fürnen (Rotaugen = Plötzen) und Wälinen (Waller = Welse) sind aber im Laufe der Zeit verschwunden.

Gedruckt wurde das Buch, wie damals üblich, in Frakturschrift auf Papier (etwa 97x148 mm). Es hat 72 Seiten, wobei die letzten beiden Seiten leer sind.

Wie Recherchen ergaben (Ribi, 1942), hat Gregor Mangolt den Text offensichtlich schon früher verfasst, denn er war Bestandteil einer Chronik der Bodenseeregion und der Stadt Konstanz aus dem Jahr 1548, die in zwei Handschriften in der Zentralbibliothek Zürich als Autograph überliefert ist. Der Druck des Fischbuches war von Mangolt allerdings auch nicht autorisiert worden. Kein Geringerer als der berühmte Züricher Mediziner und Naturforscher Konrad Gessner steht hinter der unberechtigten Drucklegung, die er bei seinem Vetter Andreas Gessner in die Wege leitete. Dieser illustrierte die Abhandlung Mangolts über die Bodenseefische mit naturgetreuen Holzschnittabbildungen, die 1556 schon als Illustrationen für einen Wandkalender Verwendung gefunden hatten, und änderte unter anderem die Ordnung der einzelnen Kapitel nach einer Monatsfolge, sowie auch den Titel und den restlichen Text etwas. Jedem Monat hinzugefügt wurde ein gereimter Vierzeiler von Jacob Ruoff. Sie sind ebenfalls auf den Kalenderdrucken nachweisbar, und dürften damit aus der Gessnerschen Offizin stammen. Diese Beigaben, wie auch die Abbildungen der Fische, fehlen in den späteren Nachdrucken (Hakelberg, 2009).

Fangrezepte oder eine Fanganleitung bringt Mangolt in seinem Fischbuch nicht. Wohl aus diesem Grund fügte der Drucker der Erstausgabe einen zweiten Teil mit 30 Rezepten zum Fisch- und Vogelfang hinzu. Dabei sind die ersten drei einleitenden Kapitel zum Fischfang mit Netzen, Reusen und Angeln wörtlich einer deutschen Übersetzung von 1493 des Petrus' de Crescentiis *„Opus ruralium commodorum"* entnommen. Während sich die Quelle der ersten 3 Fangrezepte nicht ermitteln lässt, gehen die nachfolgenden 27 Rezepte im Wesentlichen auf eine im Oberrheingebiet entstandene spätmittelalterliche Sammlung von Rezepten zurück, die vermutlich erstmals 1493 von Jacob Köbel in Heidelberg gedruckt wurde und möglicherweise von Johannes von Rittershofen stammt. Kein Exemplar dieses Buches ist jedoch überliefert, der Text wird erst mit dem Straßburger Druck von Matthias Hupfuff aus dem Jahre 1498 greifbar, der erstmals die Fangrezepte mit Fischkalender und Fischgleichnis vereinigt. Der am Ende aufgeführte Fischkalender mit Fischgleichnis ist erstmals 1490 von Heinrich Knoblochtzer als Titelrückseite des Schwankbuches und 1493 als Einblattdruck von Johannes Grüninger in Straßburg erschienen (Duntze & Rautenberg, 2009).

Bis ins 17. Jahrhundert sind etwa 20 Nachdrucke dieses zweiteiligen Fischbüchleins erschienen, die alle äußerst selten sind. Heute erfreuen sich die Fischbüchlein großen Interesses in Sammlerkreisen und entsprechend hoch sind die Handelspreise. Vom originalen Erstdruck (Mangolt, 1557) befinden sich nur wenige Exemplare in öffentlichen Bibliotheken (z. B.: Zentralbibliothek Zürich und Staatsbibliothek München), und von veränderten Nachdrucken (z. B.: Nettessem, 1590; Singe, 1610; Schröter, 1612) ebenfalls nur wenige.

Die nun vorliegende Wiedergabe des Fischbuches beinhaltet sowohl die Faksimile (in Originalgröße) als auch die Transkription des Originaldrucks, wobei auf den folgenden Seiten jeweils das Faksimile in „Frakturschrift" auf der linken (geraden) Seite und die Transkription in „Rundschrift" auf der rechten (ungeraden) Seite steht.

Das Buch ist nicht nur für Angler und Fischer interessant sondern auch für Biologen und Historiker. Mit der Herausgabe dieser Reproduktion soll das interessante Buch einem weiteren Leserkreis zugänglich gemacht werden.

Ich wünsche Ihnen viel Spaß beim Lesen.

Kitzbühel, 2015 Martin Hochleithner

Faksimile & Transkription

Fischbůch

Von der natur

vnd eigenschafft der vischē/
insonderheit deren so gefangen werdend im
Bodensee/vnd gemeinlich auch in anderen se-
en vnd wasseren/durch den wolgeleerten
Gregorium Mangolt beschribē/
vormals nie ge-
sähen.

Item ein ander bůchlin/wie man visch vnd
vögel fahen sölle/mit dreyssig neüwen vnnd
bewärten Recepten. Auch zů was zey-
ten im gantzen jar ein yeder
visch am besten
sye.

Genes. 1.

Fruchtbarend vnd meerend eüch/vnd erfüllend
das wasser deß Meers.

Fischbuch

Von der Natur

und Eigenschaft der Fische,

insbesondere die gefangen werden im Bodensee, und gewöhnlich auch in anderen Seen und Gewässern, durch den wohlgelehrten Gregor Mangolt beschrieben, wie vormals nie gesehen.

Weiteres ein anderes Büchlein, wie man Fische und Vögel fangen soll, mit dreißig neuen und bewährten Rezepten. Auch zu welcher Zeit im ganzen Jahr ein jeder Fisch am besten ist.

Genesis 1.

Seid fruchtbar und mehrt Euch,
und erfüllt das Wasser des Meeres.

Vorred in dises nachfolgēd bůchlin von Vischen deß Bodensees D. G. M.

ALs der allmächtig Gott im anfang erschaffen hatt den him̄el/ die erden vnd das Meer / hatt ers nit schlechts also geschaffen vnd darbey bleybē lassen/sonder hatts auch mit vil anderen geschöpfften geblůmbt vnd gezieret. Erstlich hatt er die erdē geziert mit graß/kraut/blůmen/gestüd vnnd böumen. Nachmals dē him̄el mit zwey grossen liechteren/namlich mit der Sonnē vnd mit dem Mon/zů erleüchtung deß gantzen vmbkreiß der erden/darzů vnzalbar sternen. Also hat er auch am fünfften tag gleycherweyß das weyt vnd tieff meer geziert mit wunderbaren vnd vnzalbaren vischen/ auch mit vilerley (Plinius meldt 176.) gschlächt vnd gattugen der selbigen. Er hat auch den selbigen seinen Göttlichen sägen geben vnd gesprochen: Fruchtbarend vnd meere[illegible] ellch vnd erfüllend das wasser deß Meers [illegible]Auß wel=

Vorwort für dieses nachfolgende Büchlein von Fischen des Bodensees

D. G. M.

Als der allmächtige Gott am Anfang erschaffen hat den Himmel, die Erde und das Wasser, hat er nichts Schlechtes geschaffen und es dabei bleiben lassen, sondern hat auch mit viel anderen Geschöpfen geblümt und geziert. Erstens hat er die Erde geziert mit Gras, Kraut, Blumen, Sträuchern und Bäumen. Danach den Himmel mit zwei großen Lichtern, nämlich mit der Sonne und mit dem Mond, zur Erleuchtung des ganzen Umkreises der Erde, dazu unzählige Sterne. Also hat er auch am fünften Tag in gleicherweise das weite und tiefe Meer geziert mit wunderbaren und unzählbaren Fischen, auch mit vielerlei Arten und Gattungen derselben (Plinius meldet 176). Er hat auch denselben seinen göttlichen Segen gegeben und gesprochen: Seid fruchtbar und mehrt Euch und erfüllt das Wasser des Meeres.

ches Göttlichen sägens krafft/nit allein die vile/sonder auch alle geschlächt der vischē in jrem wäsen erhalten werdend biß zů end der wält. Nun ist aber diser sägen Gottes gangen nit nū über die visch deß Meers/sonder über alle andere visch aller anderer wassern deß Meers/so dareyn vnd auß louffend/ es syend flüß/ bäch/ see oder wyger/doch also/ daß das Meer die fürnembsten hab/vnd die flüß vnnd see auch die jren/nach dem es die weyßheit Gottes geordnet hatt. Dise geschöpfft der vischē hat der allmechtig Gott vnd schöpffer/nit nun darzů erschaffen daß der mēsch darüber/wie über alle andere creaturen/herrschen/sich darab verwunderē/ vñ jn den kunstreychen werckmeister aller dingen erkennen/preysen vnd eeren sölle/sonder daß sy auch etwan dem menschen zur speyß vnd narung gegeben wurdē. Dann ob wol Gott dem menschen von anfang zur speyß verordnet hatt allerley kraut vnd frücht der böumen/so hatt er doch härnach über 1656. jar/ als yetz allerley gschöpfft natur vnnd krafft durch dē Sündfluß geschwechet wz/ dem menschen zur speyß erlaubt vnd verordnet

Aus welcher göttlichen Segenskraft, nicht allein die vielen, sondern auch alle Arten der Fische in ihren Gewässern erhalten werden, bis zum Ende der Welt. Nun ist aber dieser Segen Gottes nicht nur über die Fische des Meeres gegangen, sondern über alle anderen Fische aller anderen Gewässer des Meeres, die hinein und hinaus münden, dies sind Flüsse, Bäche, Seen oder Weiher, doch so, dass das Meer die vornehmsten hat, und die Flüsse und Seen auch die ihren, nachdem es die Weisheit Gottes geordnet hat. Diese Geschöpfe der Fische hat der allmächtige Gott und Schöpfer, nicht nur dazu erschaffen das der Mensch darüber, wie über alle anderen Kreaturen, herrschen mag, sich verwundere, und den kunstreichen Werkmeister aller Dinge erkennen, preisen und ehren soll, sondern dass sie auch etwa dem Menschen zur Speise und Nahrung gegeben wurden. Denn obwohl Gott dem Menschen am Anfang zur Speise verordnet hat allerlei Kräuter und Früchte der Bäume, so hat er doch danach über 1656 Jahre, als jetzt allerlei Geschöpfe der Natur und Kraft durch den Sündenfluss geschwächt waren, dem Menschen zur Speise erlaubt und verordnet

net die visch vnnd alles das sich regt vnnd das läbenn hatt / also daß hinfür keinerley speyß yemandts gwüssen verletzen mag / so sy anderest im glouben genossen wirt. Noch so ist darunder / so vil die leyblichen gsundtheit betrifft / grosser vnderscheid. Der selbig aber mag nit verstanden werden / man erkenne dann vorhin yeder speysen natur vnd eigenschafft (eigenschafften aber nennen ich die vier qualiteten als hitz / frost / feüchte vnd tröckne.) Weyl ich mich aber auff bitt gůtter fründ begeben hab etwas vonn vischen / vnd sonderlich denen so gemein vnd löuffig sind im Bodensee / zeschreyben: so hatt mich für nütz vnd gůt angesähen / erstlich von vischen in gemein / vnnd nachmals võ yedem geschlächt insonderheit zeschreyben / darzů geb Gott sein gnad.

Von der natur vnd eigenschafft der vischen in gemein.

WIewol in allen vischen die vier qualiteten / als hitz / kälte / feüchte vnnd tröckne gspürt werdẽ / so wirt doch

die Fische und alles was sich regt und das Leben hat, sodass fortan keinerlei Speise jemands Gewissen verletzen mag, wenn sie andererseits im Glauben genossen wird. Doch ist darunter, was die leibliche Gesundheit betrifft, ein großer Unterschied. Derselbe aber mag nicht verstanden werden, man erkenne daran vorher jeder Speise Natur und Eigenschaft (Eigenschaften nenne ich die vier Qualitäten also Hitze, Frost, Feuchte und Trockenheit). Weil ich mich aber auf Bitte guter Freunde begeben habe etwas von Fischen, und besonders von denen die so allgemein und häufig im Bodensee sind, zu schreiben: so hat es mich für Nutz und Gut angesehen, vorerst von Fischen im Allgemeinen, und danach von jeder Art im Besonderen zu schreiben, dazu gebe Gott seine Gnade.

Von der Natur und Eigenschaft
der Fische im Allgemeinen

Wiewohl in allen Fischen die vier Qualitäten (Temperamente), also Hitze, Kälte, Feuchte und Trockenheit gespürt werden, so wird doch

auß dem/das jr natürlich wonung vnd auf
enthalt ist im wasser/erlernet vnnd erkennt
das glych wie das wasser feücht vnd kalt ist/
daß auch die visch feüchter vnnd kalter na=
tur sind/doch einer minder oder meer dann
der ander/wie das härnach vermerckt wirt.

Vom leych vnd geburt der vischen.

GLeych wie Gott vnder den menschē/
vych vnd allen thieren par vnd par
erschaffen/also hatt er auch vnder dē
vischen zweyerley/ namlich weyblin vnnd
männlin erschaffen. Die rogner aber sind
die weyble/vñ die milcher die mäñlin. Weñ
nun jr zeyt hie ist daß sy leychen wöllend/so
leert sy die natur daß sy sich zůsamen gesel=
lend/allzeyt zween milcher zů einem rogner.
Erstlich lassend die milcher jr milch vnnd
spannend die auß gleych wie ein netz: dar=
nach fassendts den rogen dareyn/vnnd fü=
rend den an das ort da er fürkommen mag.
Dises aber geschicht nit nun vnder den vi=
schen

aus dem, was ihre natürliche Wohnung (Lebensraum) und Aufenthalt im Wasser ist, erlernt und erkannt das gleich wie das Wasser feucht und kalt ist, dass auch die Fische feuchter und kalter Natur sind, der eine minder oder mehr als der andere, wie hiernach vermerkt wird.

Von Laich und Geburt der Fische

Gleich wie Gott unter den Menschen, Vieh und allen Tieren Paar um Paar erschaffen, so hat er auch unter den Fischen zweierlei, nämlich Weiblein und Männlein erschaffen. Die Rogner aber sind die Weible und die Milchner die Männle. Wenn nur ihre Zeit gekommen ist das sie laichen wollen, so lehrt sie die Natur dass sie sich zusammen gesellen, allzeit zwei Milchner zu einem Rogner. Vorerst lassen die Milchner ihre Milch und spannen sie aus gleich wie ein Netz: danach fassen sie den Rogen darein, und führen ihn an den Ort wo er aufkommen kann. Dieses aber geschieht nicht nur unter den Fischen

schen einerley geschlächts/sonder gleych wie zů zeyten vnder den yrdischen thieren etwan zweyerley geschlächt sich mit einanderenn vermischend/ als Esel vnd Merch/ Hengst vnd Eßlin/ Löw vnnd Pard/ Wolff vnnd Hündin/ ꝛc. vnd ein drittpurt die weder Esel noch rossz/ löw nach pard/ wolff noch hündin. Also geschicht es auch vnder den vischen / das gleycher gestallt zweyerley geschlächt oder gattungen visch sich zůsamen gesellend vnnd mitt einanderen leychend/ darauß dann ein drittfisch/ der keinem vnder den zweyen geschlächten aller dingen gleych ist/ aber wol ettwas art vnd eigenschafft der selbigen an jm hatt/ geboren wirdt: wie söliches härnach im Capitel vonn Brachßmen weyter gemeldet wirt. Die zeyt aber deß leychs ist nit allen vischen gleych/ sonder etlicher leych ist im Sommer/ etlicher im Winter früy oder spaat ye nach dem warme oder kalte jar sind. So sich nun die zeyt eines yeden leychs nachet/ sol man der schwangeren vischen verschonen/ damit dann die jugend fürkomme vnnd erhaltenn werde. Nach dem leych aber sol man jrenn verschonenn

gleichen Geschlechts (Art), sondern ebenso wie manchmal unter den irdischen Tieren etwa zweierlei Arten sich mit anderen vermischen, wie Esel und Stute, Hengst und Eselin, Löwe und Pard, Wolf und Hündin, etc., und die Drittgeburt weder Esel noch Ross, Löwe noch Pard, Wolf noch Hündin ist. So geschieht es auch unter den Fischen, dass gleicher Gestalt zweierlei Arten oder Gattungen von Fischen sich zusammen gesellen und miteinander laichen. Woraus dann ein Drittfisch, der keinem unter den zwei Arten in allen Dingen gleich ist, aber wohl etwas an Art und Eigenschaft derselben an ihm hat, geboren wird: wie dies danach im Kapitel von den Brachsen weiter gemeldet wird. Die Zeit des Laichens aber ist nicht bei allen Fischen gleich, sondern etliche laichen im Sommer, etliche im Winter früh oder spät, je nachdem ob warme oder kalte Jahre sind. So sich nun die Zeit eines jeden Laichens nähert, soll man die schwangeren Fische verschonen, damit dann die Jugend aufkommen und erhalten werde. Nach dem Laichen aber soll man sie verschonen von wägen daß sy mager vnnd erger sind dann andere zeyt / auch leychtlich feber vnd andere kranckheiten daran geessenn werdend.

Welchen menschē die visch minder oder mer schädlich syend.

DIeweyl yede speyß vnd narung in die substantz deß gespeyßtē verkeert wirt / vnd aber alle visch von natur kalt vñ feücht sind / so volget darauß / daß sy keinerley Complexionen schädlicher sind / dann den Phlegmaticis / dann durch sy das phlegma (das ist die kalt vñ feücht natur) so sunst fürtrifft / nach mer zů nim̃t / dardurch dañ böß mägen vñ also schädliche feber vñ wassersuchten volgend. Hiergägen aber so sind die visch keinerley menschē mind' schädlich dann den Cholericis: dann wyl vnnd jr natur hitzig vnd trocken ist / so wirt die selbig mit der kälte vnd feüchte der vischen etwas temperiert vnd gemässiget. Die Sanguinei aber vnd Melancholici habend etwas gemeinschafft

vom Wiegen da sie mager und dünn sind als zu anderer Zeit, auch leicht Fieber und andere Krankheiten daran gesehen werden.

Welchen Menschen die Fische minder oder mehr schädlich sind

Derweil jede Speise und Nahrung in die Substanz des Verspeisenden umgesetzt wird, aber alle Fische von Natur aus kalt und feucht sind, so folgt daraus, dass sie keiner Veranlagung schädlicher sind, als dem Phlegmatiker. Denn durch sie das Phlegma (das ist die kalte und feuchte Natur) so sonst hervortritt, noch mehr zunimmt, wodurch dann böse Mägen und auch schädliches Fieber und Wassersucht folgen. Hingegen aber sind die Fische keinem Menschen unschädlicher als dem Choleriker: denn weil ihre Natur hitzig und trocken ist, so wird dieselbe mit der Kälte und Feuchte der Fische etwas temperiert und gemäßigt. Die Sanguiniker und Melancholiker aber haben etwas Gemeinschaftliches

meinschafft mit den vischen / die Sanguinei der feüchte / vnd die Melancholici der tröckne halben / dahär sy dann jnen beyden nit so gar schädlich sind / als den phlegmaticis.

Welche visch minder oder mer schädlich syend.

WJewol alle visch von natur kalt vñ feücht sind / so fürtrifft doch yetwedere natur minder oder mer in einẽ visch weder jm anderen / dem selbigen nach er auch minder oder mer schädlich ist. Erstlich so sind die Mersisch vnd anderer gsaltzner wasser / gesünder dann die in den süssen wassern: vnd das von deß saltz wägen / welches die überflüssigen kälte vnd feüchtigkeit verzeert vnd vor faulen verhüt. Dahär dañ ein gesaltzner hering auß der Donen rouw geessen ein onschädliche ringdöuwige speyß ist. Darnach so sind die visch in rünnenden felß vnd kißächtigẽ wasseren gesünder / dañ die see oder weygerfisch. Fürauß aber sind vngesund vnd schädlich die pfütz vnd moß-

mit den Fischen, die Sanguiniker der Feuchte, und die Melancholiker der Trockenheit wegen, daher sie dann den beiden nicht so sehr schädlich sind, wie den Phlegmatikern.

Welche Fische minder oder mehr schädlich sind

Obwohl alle Fische von Natur aus kalt und feucht sind, so tritt doch deren Natur minder oder mehr in einem Fisch hervor, als im anderen, dem selbigen nach er auch minder oder mehr schädlich ist. Erstens so sind die Meeresfische und die anderer gesalzener Gewässer, gesünder als die in den süßen Gewässern: und das vom Salz wegen, welches die überschüssige Kälte und Feuchtigkeit verzehrt und vorm Faulen verhütet. Daher dann ein gesalzener Hering aus der Tonne roh gegessen eine unschädliche bekömmliche Speise ist. Danach sind die Fische in rinnenden fels- und kiesigen Gewässern gesünder, als die See- oder Weiherfische. Dafür aber sind ungesund und schädlich die Pfütz- und Moosfische.

fisch. Item so sind all schleymfisch schädlicher dann die schüppfisch: derhalbē auch die im gsatz Mosi nit allein von der figur vñ bedeütung/sonder auch von leyblicher gsundtheit wägen verbotten sind/wie man das hat am eilfften Capitel deß dritten bůchs Mosi. Item so sind alle feißten visch schädlicher dann die mageren. Und darumb sprächend die Phisici: Omnis pinguedo mala, omnium piscis pessima/das ist/Alle feißte ist böß vnd schädlich/aber am schädlicheste die vischfeißte. Es sind auch die mattē visch alle zeyt schädlicher dann die kecken.

Wie man die visch kochenn sölle/vnd wie sy zum gsündestē syend.

DIeweyl die visch jrer fürträffenlichen kelte vnd feüchte halbē menschlicher Complexion zů wider sind/so mũß man im selbigen faal alles ersetzenn durch ordenlich gekocht. So man nun die sieden wil/so sol mans in gantzem weyn sieden/wie dann diser landschafft deß Boden-

sees

Ferner so sind alle Schleimfische schädlicher als die Schuppenfische: weshalb diese auch im Gesetz Moses nicht allein von der Figur und Bedeutung, sondern auch von der leiblichen Gesundheit wegen verboten sind, wie es steht im elften Kapitel des dritten Buchs Moses. Ferner so sind alle fetten Fische schädlicher als die mageren. Und darum sprachen die Physiker: *Omnis pinguedo mala, omnium piscis pessima*, das heißt, alles Fette ist böse und schädlich, aber am schädlichsten ist das Fischfett. Es sind auch die matten Fische alle Zeit schädlicher als die kecken (festen).

Wie man die Fische kochen soll,
und wie sie am gesündesten sind

Derweil die Fische ihrer zutreffenden Kälte und Feuchte wegen menschlicher Veranlagung zu wider sind, so muss man im selben Fall alles ersetzen durch ordentliches kochen. Wenn man die nun sieden (kochen) will, so soll man sie in reinem Wein sieden, wie das in dieser Landschaft des Bodensees

sees art vnd brauch ist. Dañ durch die natür lichen werme deß weyns/die natürlich kälte der vischẽ temperiert vñ gmilteret wirt. Wo aber der weyn theür ist/da nimpt man eint= weders halb wasser vñ halb weyn/oder man siedet sy in wasser vñ tröcknet sy ab mit wyn oder essich. Man sols auch sieden in küpferi nen oder mössinen pfannẽ oder kesselin/vnd nit in eysinen pfannẽ: nit bey riechendẽ fheür oder glůt/sonder bey eim hällen vnd flacken dem fheür. Item man sol nit bey einanderen sieden jung vnd alt/klein vñ groß visch/ dañ sy sich nit mit einanderen vertragẽ mögend: eintweders můß der ein zwenig oder zů vil sieden. Weñ aber ein yeder visch gnůg vnd auff sein statt gesottẽ habe/erleernet man da bey/weñ sich der grat vom visch schellt. Itẽ wo man vermöglich/ist gůt daß mã gwürtz daran thůye. Es wil auch nit wenig daran gelägen seyn/daß man die visch in warmem oder kaltem weyn überthůye: dann die mat= ten vnd weichẽ visch werdend käch so mans in kaltem weyn überthůt/ vnnd mans vor= hin ein halb stund inn ein frisch brunnen= wasser leget.

Art und Brauch ist. Denn durch die natürliche Wärme des Weins, die natürliche Kälte der Fische temperiert und gemildert wird. Wo aber der Wein teuer ist, da nimmt man entweder halb Wasser und halb Wein, oder man siedet sie in Wasser und trocknet sie mit Wein oder Essig ab. Man soll sie auch sieden in kupfernen oder messingenen Pfannen oder Kesseln, und nicht in eisernen Pfannen: nicht bei riechenden Feuer oder Glut, sondern bei einem hellen und flackenden Feuer. Ferner soll man nicht mit einander sieden junge und alte, kleine und große Fische, denn die Fische möchten sich nicht miteinander vertragen: entweder muss der eine zu wenig oder zu viel sieden. Wann aber ein jeder Fisch genug und auf seine Art gesotten hat, erfährt man, wenn sich die Gräten vom Fisch lösen. Ferner wenn man vermögend, ist es gut dass man Gewürz daran gibt. Es will auch nicht wenig daran gelegen sein, dass man die Fische in warmen oder kalten Wein aufstellt: denn die matten und weichen Fische werden fest wenn man sie in kalten Wein aufstellt, und sie vorher eine halbe Stunde in frisches Brunnenwasser legt.

Wie aber den vischen durch ordenliche köcht jr fürtreffenliche kälte temperiet wirt: also wirdt auch den selbigen die überflüssig feüchte durch das braaten hingenommen. Derhalben die gebraatnen visch allzeyt gesünder sind dann die gsottnen / sonderlich so man die mit gwürtzt anmacht. Vom Herren Christo läsend wir Luce 24. daß er gebraten visch geessen habe / der gsottnen aber wirt nit gedacht.

Die gebachnen visch sind zum wenigestē gesund / dann durch das bachen weder die kälte nach feüchte deß vischs verzeert wirdt. Darumb deren brauch nit zů schälten ist / die die visch erstlich siedend vnd nachmals bachend.

Von der speyß vnd narūg der vischen.

WAs die speyß vnnd narung der vischen sey / das wirt erlernet vnd ersähen in jren mägē so man die entweidet: dann man darinn findt mieß / lätt / mucken

Wie aber den Fischen durch ordentliches kochen ihre zutreffenden Kälte temperiert wird: so wird auch denselben die überflüssige Feuchte durch das braten genommen. Deshalb die gebratenen Fische allzeit gesünder sind als die gekochten, besonders wenn man die mit Gewürz anmacht. Vom Herren Christus lesen wir in Lucas 24., dass er gebratene Fische gegessen habe, der gekochten aber wird nicht gedacht.
Die gebackenen Fische sind am wenigsten gesund, denn durch das backen weder die Kälte noch Feuchte des Fisches verzehrt wird. Darum deren Brauch nicht zu verurteilen ist, die die Fische zuerst kochen und danach backen.

Von der Speise und Nahrung der Fische

Was die Speise und Nahrung der Fische sei, das wird erlernt und erfahren in ihren Mägen, wenn man die ausweidet (ausnimmt): denn man findet darin Gras, Schlamm, Mücken und Würmlein.

mucken vnnd würmlin. Vil deren glåbend deß raubs anderer vischen / als der Håcht / die Wållfisch vnd etlich andere. Die grüb vnd weyerfisch aber werdend an etlichen orten gespeyset mit dem eyngweid der thieren.

Demnach wir nun bißhår von der eigenschafft der vischen / Item vonn jrer geburt / köcht vnd anderem gesagt habend / wöllend wir den anderen theyl diß büchlins zů hand nemmen / vnd schreyben vō yedem gschlåcht der vischen deß Bodensees.

Jenner.

Allerley visch / groß klein / jung alt
Sind allsampt feücht darzů auch kalt
Bachferinen Groppen sind am besten
Im Jenner so Buren skorn außtröschen.

Viele von denen leben vom Raub anderer Fische, wie der Hecht, die Welse und etliche andere. Die Gruben- und Weiherfische aber werden an etlichen Orten gefüttert mit den Eingeweiden der Tiere.
Nachdem wir nun bisher von der Eigenschaft der Fische, Ferner von ihrer Geburt, Zubereitung und anderen gesagt haben, wollen wir den anderen Teil dieses Büchleins zur Hand nehmen, und schreiben nun von jeder Fischart des Bodensees.

Jänner

Allerlei Fisch, Groß und Klein, Jung und Alt,
sind allesamt feucht dazu auch kalt.
Bachforellen und Koppen sind am besten,
im Jänner so Bauern das Korn ausdreschen.

Bachferin (Bachforelle)

Gropp (Koppe)

Von Groppen.

DEr Gropp/welchen etliche in Latin Cottum etliche Boithũ neñend ist ein kleins rogenhaffts vischlin/ wirdt sältenn länger dann der mittel finger an einer manns hand / hatt ein grossen kopff/dahär er dann auch Capito genennet wirt. Sein leych hebt an vmb Osteren / ist am besten von S. Anderesen tag biß in Aprellen. Man sol sy sieden wie die grundlen: gebachen aber sind sy auch gůt.

Hornung.

Laugelen vnd Sefärhinen
Inn wasseren dardurch brunnen rinnen
Sind in dem Hornung aller best
So man sy sauber kocht vnd rüst.

Von

Von Groppen

Der Gropp, welchen etliche in Latein *Cottum* etliche *Boithum* nennen ist ein kleines wohlbeleibtes Fischlein, wird selten länger als der Mittelfinger an einer Männerhand, hat einen großen Kopf, daher er so auch Capito genannt wird. Seine Laichzeit fängt an um Ostern, er ist am besten vom St. Andreas Tag bis in den April. Man soll sie kochen wie die Grundeln: gebacken aber sind sie auch gut.

Februar

Lauben und Seeforellen,
in Wassern wo durch Brunnen wellen.
Sind im Februar am allerbest,
so man sie sauber kocht und rüst.

Laugele (Laube)

Sefärhin (Seeforelle)

Von Färhinen vnd Inlancken.

Färhinē/ so die latini nenēd Variões, trottas, truttas et thedones / sind rotsprecklet schlymfisch/ habend lind vnschädlich grât/verglychēd sich am fleisch vnd gstallt auch am gschmackt dē Salmē/ vnd haltend auch etlich es sye einerley visch. Der Salm so er sich leichē wil/zeücht er sich gegē dē fluß als weyt er mag/da verleicht er/ vnd keert dañ wid:also auch die Färhin so jr zeyt hie ist/streycht sy dē see auf gegē dē eynfluß deß Reins/da laßt sy dē leich vñ kert dañ wid. Vñ wie der Salm vm̃ S. Jacobs tag als er yetz verleicht hat/seinē geschmackt vnd gůte darzů auch seinē namē verlettrt/ vñ ein Lachs geneñt wirt:also verlettrt auch die fär hin vm̃ S. Jacobs tag nach dem sy yetz ver leicht hat/jr art vnd namē/vñ wirt dannethin geneñt ein Inlanck. Diser visch verglÿ chet sich der Reckholter staud : dann wie die selbig erst am drittē jar zeytige frucht bringt: also wachßt vnd zeytiget der Förhinen leich auch biß in das dritt jar. Die zeyt aber jres leychs ist zů gmeinen jaren zů mittlē Augsten vor oder nach / ye nach dem kalte oder warme Jar sind. Dann gleych wie

Von Forellen und Inlancken

Forellen, die die Lateiner nennen *Varióes, Trottas, Truttas et Thedones*, sind rotgesprenkelte Schleimfische, haben nur unschädliche Gräten. Vergleichbar ist der Fisch in Fleisch und Gestalt auch im Geschmack mit dem Salm, und etliche meinen auch es sei derselbe Fisch. Der Salm, wenn er laichen will, zieht gegen den Fluss soweit er mag, dort laicht er, und kehrt dann zurück: so auch die Forelle, wenn ihre Zeit da ist, zieht sie den See hinauf gegen den Zufluss des Rheins, dort lässt sie den Laich und kehrt dann wieder zurück. Und wie der Salm vom St. Jakobstag nachdem er gelaicht hat, Geschmack und Güte, dazu auch seinen Namen verliert, und ein Lachs genannt wird: so verliert auch die Forelle vom St. Jakobstag nach dem sie jetzt gelaicht hat, Art und Namen, und wird fortan genannt ein Inlanck. Dieser Fisch vergleicht sich mit der Wacholderstaude: denn wie die selbige erst im dritten Jahr reife Frucht bringt: so wächst und dauert der Forelle ihr Laich auch bis in das Dritte Jahr. Die Zeit ihres Laichens ist aber in den meisten Jahren vor oder nach Mitte August, je nachdem ob kalte oder warme Jahre sind.

durch früyenn Sommer alles gewechs der erden zur reyffe gefürderet wirdt: also wirt auch das wasseruych durch das warm sommer gewitter gefürderet zů jrem leych. Nun sind aber im Bodensee zweyerley Förhinē: namlich Grundfärhinen vnd Schwäbfärhinē. Diser vnderscheid aber ist nit am visch sonder an der weid: dann die Grundfärhin jr weid hatt im grund vnd in der tieffe / dahär sy dann auch den namen hatt vnnd ein Grundfärhin genennt wirt. Die Schwäbfärhinen aber schwäbt oben embor / weidet vnnd neret sich der muckenn ob dem wasser. Wie nun das vych auff ein gůte feißte weid geschlagenn leybhaffter / feißter vnnd am fleisch besser ist / dann das auff dürre vñ magere weid getribē wirt: Also hatt es auch aller ding ein gstallt mit den vischen. Nun ists aber gwüß daß der lättächtig grund besser narung vnd weid gibt / dann die muckē: so volget auch daß die Grundfärhinen besser sind dañ die Schwäbfärhinen / daß dañ alle schleckmeuler wol wüssend. Die Färhinen habend gegem Sommer vnd biß nach dem Höuwmonat ein rotlächt vnnd gold-

farb

Denn gleich wie durch den frühen Sommer alles Gewächs der Erde zur Reife gefördert wird, so wird auch das Wasservieh durch das warme Sommergewitter gefördert zu ihrer Laichreife. Nun sind aber im Bodensee zweierlei Forellen: nämlich Grundforellen und Schwebforellen. Dieser Unterschied aber ist nicht am Fisch sondern an der Weide: denn die Grundforelle hat ihre Weide am Grund und in der Tiefe, woher sie dann auch den Namen hat und eine Grundforelle genannt wird. Die Schwebforelle aber schwebt oben empor, weidet und nährt sich von Mücken über dem Wasser. Wie nun das Vieh das auf eine gute feiste (fette) Weide getrieben, leibhaft fetter und im Fleisch besser ist, als das auf dürre und magere Weide getriebene: so hat es auch aller Dinge eine Gestalt mit den Fischen. Nun ist es aber gewiss das der schlammige Grund bessere Nahrung und Weide gibt, als die Mücken: so folgt auch das die Grundforellen besser sind als die Schwebforellen, was dann alle Feinschmecker wohl wissen. Die Forellen haben gegen Sommer und bis nach dem Heumonat (Juli) ein rötliches und goldfarbenes Fleisch,

farb fleisch/da här sy dann/als etlich achtẽd Aurata ab auro/võ gold här genen̄t wirt. Es nennend auch etlich ein söllliche Färhin ein Goldfärhin. Es hatt auch der nam Färhin mit dem wörtlin aurum etwas gleychstimmung vnd verwandtnuß. Danäbend ist mir nit vnwüssend das Aurata ein sonder gschlecht eins Meerfischs genennt wirt ab auribus von orẽ här. Nach S. Jacobs tag aber/so die Färhin verleicht hatt/verleürt sy die goldfarb/den schimel/wie oben gesagt ist. So man die Färhin sieden wil/so sol man sy gestucket in ein kalt brunnenwasser legen ein halb stund/vnd darnach in süttigen halb weyn vnd halb wasser überthůn. Der gradt vnnd schwantz gebraaten ist ein Fürstliche speyß.

Von Agonen oder Lagenen/ zů Zürych genannt Laugelen.

Die Agõ ist ein kleins weisses schůpfischlin auffs lengst eines fingers lang/wirt anderstwo ein Lagen genennt. Ist zů seiner zeyt ein wolgschmackts vischlin/wirt aber bey etlichen verachtet võ

daher sie dann, wie etliche meinen *Aurata ab auro*, vom Gold her genannt werden. Es nennen auch etliche eine solche Forelle eine Goldforelle. Es hat auch der Name Forelle mit dem Wörtlein *aurum* etwas Gleiches und Verwandtes. Daneben ist mir nicht unwissend, dass Aurata wie eine besondere Art eines Meeresfisches genannt wird, *ab auribus* zu Ohren gekommen. Nach dem St. Jakobstag aber, wenn die Forelle gelaicht hat, verliert sie die Goldfarbe, den Schimmer, wie oben gesagt wird. Wenn man die Forelle sieden will, so soll man sie gestückelt in kaltes Brunnenwasser legen, eine halbe Stunde, und danach in siedenden halb Wein und halb Wasser aufstellen. Der Rücken und Schwanz gebraten ist eine fürstliche Speise.

Von Agonen oder Lagenen, zu Zürich genannt Laugelen

Die Agon ist ein kleines weißes Schuppenfischlein, so lang wie ein Finger, wird anderswo ein Lagen (Laube) genannt. Ist zu seiner Zeit ein wohlschmeckendes Fischlein, wird aber bei etlichen verachtet

wägen jrer weid vnd narung/ dann sy gern bey den prophetẽ wonend. Summers zeyts wachsend Nestel in jnen/das sind weisse lange/dünne/zůsamen gwicklete würmlin/ wie in Haßlẽ/als dañ sol mans nit essen. Diser vischẽ leich hebt an im Brachet/vnd leychẽd zů zeytẽ mit den Brachsmen vñ Rottẽ. So sy sich mit jnẽ leichend/so erwachßt auß dem leich ein Drittfisch/an dẽ man beyder vischẽ natur augenscheynlich gespürt/ vñ doch we der Agon noch Brachsm oder Rott ist. Võ Agonẽ schrybt Platina im bůch võ Erlichẽ wollust am 56.Cap.deß zähenden bůchs.

Mertz.

Karpffen sind gsünder dann Schlygen
Ja die in frischen wassern ligen

Doch

wegen ihrer Weide und Nahrung, da sie gern bei den Propheten wohnt. Zur Sommerzeit wachsen Nestel in ihnen, das sind weiße lange, dünne, zusammen gewickelte Würmlein, wie in Haseln, dann soll man sie nicht essen. Dieser Fische Laichzeit ist im Juni und sie laichen zu Zeiten mit den Brachsen und Rotfedern. Wenn sie sich mit ihnen vermehren, so erwächst aus dem Laich ein Drittfisch, an dem man beider Fische Natur augenscheinlich spürt, und doch weder Agon noch Brachse oder Rotfeder ist. Von Agonen schreibt Platina im Buch „Von der Ehrlichen Wollust" im 56. Kapitel des Zehnten Buches.

März

Karpff (Karpfen)

Schlyge (Schleie)

Karpfen sind gesünder als Schleien,
da die in frischem Wasser seien.

Doch in dem Mertzen naach vnd wyt
Isszt man sy ist jr rechte zyt.

Von Karpffen/ Sprollē vnd Setzlingē.

DEr Karpff/welchen die Latini nennēd Carpum vnd Carpionem/ist ein herrlicher gesunder vnnd gůtter schůppfisch/ doch so ist der Milcher alle zeyt besser dann der Rogner: so ist auch der Seekarpff besser dann der Weygerkarpff/sonderlich der orten/da er seinen strich inn die Flüß habenn mag/dann er sich darinn mercklich besseret. Diser visch ist gůt zů allen zeyten/on gegen dem Brachet/so er verleicht hatt. So er leichen wil/laßt er sich auff das port da dz wasser warm ist/da selbst streicht er den rogen auß: darnach ziehend jm nach zween Milcher die fassend mit der milch den rogen auf als in ein tůchlin/vnnd fürend den dahin/ da er mag fürkommē. So er nun fürkumīt/ wirdt er im ersten jar genennt ein Setzling/ im anderen jar ein Sproll/vnnd im dritten jar erst ein Karpff. Der Karpff hatt mer schweiß dann kein anderer visch/ der halbenn er dann auch von Natur minder kalt

Doch im März nah und weit,
isst man sie ist ihre rechte Zeit.

Von Karpfen, Sprollen und Setzlingen

Der Karpf, welchen die Lateiner nennen *Carpum* und *Carpionem*, ist ein herrlicher gesunder und guter Schuppenfisch, doch ist der Milchner alle Zeit besser als der Rogner: so ist auch der Seekarpfen besser als der Weiherkarpfen, besonders an Orten wo er seinen Zug in die Flüsse haben kann, da er sich darin merklich bessert. Dieser Fisch ist zu allen Zeiten gut, außer im Juni wenn er gelaicht hat. Wenn er laichen will, lässt er sich an das Ufer wo das Wasser warm ist, dort streicht er den Rogen aus: danach ziehen ihm zwei Milchner nach, fassen mit der Milch den Rogen auf wie in ein Tüchlein, und führen ihn dorthin, wo er aufkommen kann. Wenn er nun aufkommt, wird er im ersten Jahr genannt ein Setzling, im nächsten Jahr ein Sproll, und im dritten Jahr erst ein Karpf. Der Karpf hat mehr Schleim als ein anderer Fisch, weshalb er auch von Natur aus weniger kalt ist als andere.

ist dann andere. So man den entweiden vñ kochen wil / sol man den schweiß mit weyn in dem man den visch sieden wil / abwäschẽ / vnd in kaltem weyn überthůn. So man jn in sultzen oder galred wil machen / sol man die schůppen daruon in ein saubers tůchlin thůn / vnd bey dem visch sieden / so gibt es ein dicke brůye. Der schläck vnd brang an dem Karpffen ist das hauptstuck / sunderlich aber die zung.

Von Schlygen oder Schleychen.

Tuncha Die Schleyg bey den Latinischenn Tinca genañt / ist ein schleymfisch mit einer dicken haut / hatt auch im Teütschen den nammen vom schleym här. So man die entweyden wil / sol man sy in heiß wasser legen / vnd durch ein rauch tůch ziehen / daß der schleym darab gange. Darnach sol man sy bereiten / vñ in kaltem weyn überthůn. Ir wonung ist gemeinlich in roren vnnd im Seekraut.

Apprel.

Wenn man den ausweiden und kochen will, soll man den Schleim mit Wein, in dem man den Fisch sieden will, abwaschen, und in kaltem Wein aufstellen. Wenn man ihn in Sulz oder Aspik machen will, soll man die Schuppen davon in ein sauberes Tüchlein tun, und mit dem Fisch sieden, so gibt es eine dicke Brühe. Das Beste und schönste an dem Karpfen ist der Kopf, besonders aber die Zunge.

Von Schligen oder Schleichen

Die Schleie bei den Lateinern *Tinca* genannt, ist ein Schleimfisch mit einer dicken Haut, hat auch im Deutschen den Namen vom Schleim her. Wenn man die ausweiden will, soll man sie in heißes Wasser legen, und durch ein raues Tuch ziehen, das der Schleim abgeht. Danach soll man sie vorbereiten, und in kaltem Wein aufstellen. Ihre Wohnung (Lebensraum) ist allgemein im Rohr und im Seekraut (Wasserpflanzen).

Aprell.

Blicken Schwalen sind schlecht visch
Den armen kommendts über tisch
Doch mag man sy wol außerwellen
Am besten sinds im Aprellen.

Von Blicken.

DEr Brachsim / dē man Prasinum nennet / vñ der Blick sind ein visch / doch so enderet er den namen nach der zeyt: dann im ersten jar wirt er genennt ein Blick / im anderē jar aber ein Brachsim vnd das bleybt er. Ist ein breiter schůpfisch mit einem kleinen köpflin. Hie von magst du härnach im Höuwmonat sähen / da wir weytlöuffiger vonn der Brachsinen sagen wellend.

April

Blicken und Schwalen sind schlechte Fisch,
den Armen kommen sie über den Tisch.
Doch kann man sie wohl auswellen,
am besten sind sie im Aprellen (April).

Blick (Güster)

Schwal (Plötze)

Von Blicken

Der Brachsen, den man *Prasmum* nennt, und der Blick sind ein Fisch, doch ändert er den Namen nach der Zeit: denn im ersten Jahr wird er genannt ein Blick, im anderen Jahr aber ein Brachse und das bleibt er. Ist ein hoher Schuppenfisch mit einem kleinen Köpfchen. Hiervon kannst du danach im Heumonat (Juli) sehen, wo wir ausführlicher von den Brachsen sprechen wollen.

Von Fürnen/Bleckē oder Schwalen.

EIn Blieck ist ein junger Fürn/hatt rote öuglin/derhalbenn er ein Rotöuglin genent wirt/hatt die bittersten gallen vnder allen vischenn. Ist nit sonders groß geachtet bey den schläckmeülerenn / derhalben sy dise visch Schneydersisch nennend. So sy järig sind werdendts Fürnlig/vnd im dritten jar Fürn/vnd am Zürychsee Schwalē genent: vnd bey den Latinis Leuciscus oder mugil fluuiatilis. Fürn aber acht ich werdend sy genennt von der zeyt här / vnnd sy yetz järig vnd fernig syend: als man dann sagt fürnen weyn/für fernigē weyn. Dise visch allsampt sind rogner/vnd ist vnder jnē kein milcher. Sein leich hept an im Aprellen/ vnd wäret biß zů mittlem Meyen. So mans siedē wil/ sol mans legen in heissen weyn.

Mey.

Reling vnd Ael sind rauch vnd glatt
Beyd visch sind feißt darzů auch matt

Doch

Von Fürnen, Bliecken oder Schwalen

Ein Blieck ist ein junger Fürn, hat rote Äugelein, deswegen er Rotäuglein genannt wird, hat die bitterste Galle von allen Fischen. Ist nicht besonders groß geachtet bei den Feinschmeckern, weshalb sie diesen Fisch Schneiderfisch nennen. Wenn sie jährig sind werden es Fürnling, und im dritten Jahr Fürn, und am Zürichsee Schwalen genannt: und bei den Lateinern *Leuciscus* oder *Mugil fluviatilis*. Fürn aber beachte, werden sie genannt mit der Zeit, wenn sie dann jährig und vorjährig sind: wie man auch sagt fürnen Wein, für vorjährigen Wein. Diese Fische sind allesamt Rogner, und ist unter ihnen nie ein Milchner. Seine Laichzeit fängt an im April, und währt bis Mitte Mai. Wenn man sie sieden will, soll man sie in heißen Wein legen.

Mai

Reling und Aal sind rau und glatt,
beide Fische sind feist dazu auch matt.

Doch hands ein grossen vnderscheid
Im Meyen gůt sinds zůbereit.

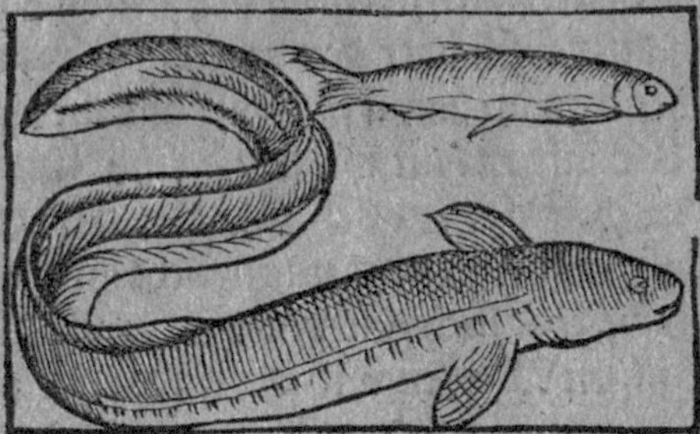

Vom Reling.

Hürling/ Stichling/ Eglin vnnd Reling/ ist als ein visch/ verend rend aber die nammen nach der zeyt: dann dieweyl er minder dann järig ist/ wirdt er genennet ein Hürling/ im anderen jar wirt er zů Zürych geneñt ein Egli/ anderstwo aber ein Stichling: im dritten jar aber wirdt er anderstwo genennt ein Eglin/ zů Zürych ein Stichling: vnd so er nach stercker vnnd grösser worden ist/ ein Reling/ Bersich/ bey etlichē ein Perch genent/ welcher nam̄ auch nit vnänlich ist dē Latinischē namē Perca/

aber etliche meinen, *quasi porca*: denn gleich wie das Schwein oben über den Rücken eine rau stechend Bürste hat: so hat auch dieser Fisch über den Rücken raue stechende Gräten (Stacheln), womit sie Gott und die Natur bewaffnet hat, gegen die schädlichen Raubfische. Wenn dieser Fisch angegriffen wird, so sträubt er sich, verletzt und sticht mit der Bürste, welcher Stich gar unheilbar ist. Ihre Laichzeit ist im März und April, wie du weiter finden wirst, wo wir von Hürlingen, Stichlingen und Eglis sprechen werden. Such den Monat August.

Von Aalen

Der Aal, den die Lateiner nennen *Anguillam* weil er geformt ist wie eine Schlange, ist ein durchaus kalter, matter und feuchter Fisch, woran man sich Fieber holen kann. Dieser Fisch hat eine besondere Geburt, da er weder Milch noch Rogen hat, sondern gebärt seine Jungen lebendig, die sind vorerst klein wie ein großer Zwirnfaden. Sie gebären auch nicht nur zu einer Zeit im Jahr wie andere Fische, sondern zu jeder Zeit.

Sind am besten im Meyen vnd biß zů mitlem Augsten. Es schreybend die natürlichen meister/ daß der Al läben möge 80. jar / vnd on wasser 6. tag. Er hasset trůb wasser vnnd fürcht den Donner. So man den wil kochē sol man jm die haut abziehen / vnd schwantz vnd kopff hin werffen. So man jn aber braten wil / mag man jm die haut (nach dem mā jn über den rugken geseüberet vnd mit Salbeyen besteckt hatt) wider anziehen / vnd also gantz braaten: oder man mag jn zů scheyben machen / an spißlin stecken / vnnd also braaten.

Brachmonat.

Blauwling vnd Haßlen sind bekannt
Im gantzen weyten Teütschen land

Sie sind am besten im Mai und bis zu mittlerem August. Es schreiben die Naturforscher, dass der Aal leben kann 80 Jahre, und ohne Wasser 6 Tage. Er hasst trübes Wasser und fürchtet den Donner. Wenn man den kochen will soll man ihm die Haut abziehen, und Schwanz und Kopf wegwerfen. Wenn man ihn aber braten will, soll man ihm die Haut (nach dem man ihn über den Rücken gesäubert und mit Salbei besteckt hat) wieder anziehen, und so im Ganzen braten: oder man kann ihn zu Scheiben schneiden, an Spießchen stecken, und so braten.

Juni

Blauwling (Blaufelchen)

Haßle (Hasel)

Blaufelchen und Haseln sind bekannt,
im ganzen weiten Deutschen Land.

Noch sol man sy kochen vnd rüsten
Im Bracher sinds am aller besten.

Von Felchen/Balchen vnd Blauwlingenn.

AVß den Sandgangfischē/auch auß den grünen Gangfischen erwachsend Felchlin/auß den Felchlin Felchen/welche an etlichen orten Balchen vnnd Blauwling genennt werdend. Etliche nennend die Mugiles lacustres/etlich Falcones. Dañ gleych wie der Falck vndern vöglen ein adelicher vogel ist: also ist auch der Felch vnder den vischen ein adelicher visch/vñ werdend auch eins theyls genennt Adelfelchen. Nun ist aber vnder den Fälchen auch ein grosser vnderscheid der weid halbē/dañ etlich im sand jr wonung habend/vnd die neñt man sand oder Adelfelchen: etlich aber im grund vnd in der tieffe/vnd die neñt man Blawfelchē. Wie nun dise Felchen ein vnderscheid habend im namen/also habend sy auch ein vnderscheid in der natur. Dañ so der Sandfelch geschlagen wirt/ so schwäbt er empor: weñ aber der Blawfelch geschlagē wirt / so falt er zů bodē. Der Blawfelchen leich hebt

an

Doch soll man sie kochen und rüsten,
im Juni sind sie am allerbesten.

Von Felchen, Balchen und Bläulingen

Aus den Sandgangfischen, auch aus den grünen Gangfischen erwachsen Felchlein, aus den Felchlein Felchen, welche an etlichen Orten Balchen und Bläuling genannt werden. Etliche nennen sie *Mugiles lacustres*, etliche *Falcones*. Denn gleich wie der Falke unter den Vögeln ein adeliger Vogel ist: so ist auch der Felch unter den Fischen ein adeliger Fisch, sie werden auch teilweise Adelfelchen genannt. Nun ist aber unter den Felchen auch ein großer Unterschied, der Weide wegen, denn etliche haben am Sand ihre Wohnung, und die nennt man Sand- oder Adelfelchen: etliche sind am Grund und in der Tiefe, und die nennt man Blaufelchen. Wie nun diese Felchen einen Unterschied haben im Namen, so haben sie auch einen Unterschied in der Natur. Denn wenn der Sandfelchen geschlagen wird, so schwebt er empor: wenn aber der Blaufelch geschlagen wird, so fällt er zu Boden.

an vmb S. Othmars tag: der Sandfelchē leich aber 14. tag daruor. Jr jugend werdē genennt Felchenbläterlin. Dise Felchen sind die kostlichesten braatfisch die man haben mag/der auch gebraaten als ein sunder traut in weyte läd gefürt wirt. Es ist auch diser visch heiß abgsotten außpündig gůt: inn heissem weyn sol man jn überthůn. Vonn Gangfischē aber wellend wir härnach bald an dem end dises bůchlins mer sagen/ darumb du wol am selbigen ort darnach sähen magst.

Von Haßeln vnd Häselin.

DJser visch wirt im ersten jar ein Haselschossz vnd im anderen jar ein Hasel genennt: in Latin möchte man jn Leporem vnd lepusculum nennen/ vonn der behendigkeit deß schwümmens. Jst zů seiner zeyt ein gesunder schůpfisch. Zun zeytenn aber wachsend würm in jnen/ welche man nennet Nestel/ dannmals sol man sich daruor hůten als vor gifft. Sein leych hept an im Mertzen. So man den sieden wil/sol man jn legen in heissen weyn.

Der Blaufelchen laicht ab dem St. Othmars Tag: der Sandfelchen laicht aber 14 Tage davor. In ihrer Jugend werden sie genannt Felchenblätterling. Diese Felchen sind die köstlichsten Bratfische die man haben kann, die auch gebraten als Leckerbissen in weite Länder geführt werden. Es ist auch dieser Fisch heiß abgekocht außerordentlich gut: in heißem Wein soll man in aufstellen. Von Gangfischen aber wollen wir hiernach nahe dem Ende dieses Büchleins mehr sagen, weshalb du wohl an diesem Ort danach sehen kannst.

Von Haßeln und Häselin

Dieser Fisch wird im ersten Jahr ein Haselschoss und im anderen Jahr ein Hasel genannt: in Latein möchte man in *Leporem* und *Lepusculum* nennen, von der Behändigkeit des Schwimmens. Ist zu seiner Zeit ein gesunder Schuppenfisch. Zu Zeiten aber wachsen Würmer in ihnen, welche man Nestel nennt, dann soll man sich davor hüten wie vor Gift. Seine Laichzeit fängt an im März. Wenn man den kochen will, soll man ihn in heißen Wein legen.

Höuwmonat.

Brachsmen vnd Aeschen sind edel fisch.
Die ißt man auff jrs gleychen tisch.
Man sied ald braats gleych wie man thůt
Im höuwat sind sy gsund vnd gůt.

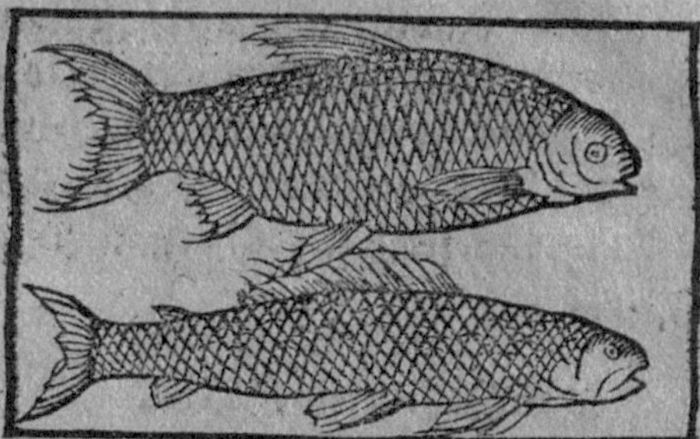

Vom Brachsman.

DEr Brachsman/so ettliche newe in Latin Prasinum nennent/vnnd der Blick sind ein visch/doch enderet er den nammen nach der zeyt(wie wir dann auch da oben im Aprellen vom Blickenn anzeigt habend.) Dann im ersten jar wirdt er genennt ein Blick/im anderen jar aber ein Brachsme/ vnd das bleybt er. Ist ein breiter schüpp fisch mit einem kleinen köpflin. Diser visch leicht gemein-

Juli

Brachsen und Äschen sind edle Fisch,
die ist man auf dem gleichen Tisch.
Man siedet's oder brät's wie man's auch tut,
im Juli sind sie gesund und gut.

Brachsme (Brachse)

Aesch (Äsche)

Vom Brachsman

Der Brachsen, den etliche neuerdings in Latein *Prasmum* nennen, und der Blick sind ein Fisch, doch ändert er den Namen nach der Zeit (wie wir auch schon da oben im April bei den Blicken angezeigt haben). Denn im ersten Jahr wird er genannt ein Blick, im anderen Jahr aber ein Brachse und das bleibt er. Er ist ein hoher Schuppenfisch mit einem kleinen Köpfchen.

gemeinlich im Brachmonat / etwan mit dē Brachsmen / ettwan auch mit der Rotten. So er aber sich mit der Rottē leichet / so wirt darauß weder Rott nach Brachsmen / sunder ein Drittfisch / den man nennet ein halben visch / ist grösser dann die Rott vnd kleiner dann die Brachsm. Dise visch findt mā in allem Bodensee nit besser noch grösser / dann vmb Arbon vnd in der Cluß. Dann man daselbst findt die zähen pfund schwär sind. So man den wil sieden / sol man jn überthůn in kaltem weyn.

Von Kresszlingen / Knaben vnd Aeschē.

Dis ist alles ein visch / vnd enderet sich aber der nam̄ nach den jaren. Im ersten jar wirt er genennt ein Kresszling in Latin Gobio fluuiatilis: im anderen jar ein Knab oder Yser / im dritten jar ein Aesch / den die Latini Thymallum nennend. Etlich achtend die Kresszling wachsind auß den Grundlen. Dise visch habend ein wunderbarliche natur / dann sy ein geschmackt an jnen habend / da bey sy die fischer nachts erkennend ee sy gesähen werdend. Dise visch sind gůtt

Dieser Fisch laicht gewöhnlich im Juni, etwas mit den Brachsen, etwas auch mit den Rotfedern. Wenn er sich aber mit den Rotfedern kreuzt, so wird daraus weder Rotfeder noch Brachse, sondern ein Drittfisch, den man einen halben Fisch nennt, er ist größer als die Rotfeder und kleiner als die Brachse. Diese Fische findet man im ganzen Bodensee nicht besser oder größer, als um Arbon und in der Klause. Denn man findet dort welche die zehn Pfund schwer sind. Wenn man den kochen will soll man ihn in kaltem Wein aufstellen.

Von Kresslingen, Knaben und Aeschen

Dies ist alles ein Fisch, es ändert sich aber der Name nach den Jahren. Im ersten Jahr wird er genannt ein Kressling in Latein *Gobio fluviatilis*: im anderen Jahr ein Knab oder Jser, im dritten Jahr ein Aesch, den die Lateiner *Thymallum* nennen. Etliche denken die Kresslinge wachsen aus den Grundeln. Diese Fische haben eine wunderbare Natur, da sie ein Gespür an sich haben, wodurch sie die Fischer nachts erkennen ehe sie gesehen werden. Diese Fische sind gut vom März an bis in den September.

vom Mertzē an biß in herbstmonat. So mā
die sieden wil/sol mans in kaltem weyn über
thůn. Eschēschmaltz ist ein gar heilsam ding
zů dem brand vnd zů den augen.

Augstmonat.

Barben vnd Eglin sind vnglych
Die armen essends vnd der rych
Sind beydsam gůtt gsotten bachen
Im Augsten nit on klein vrsachen.

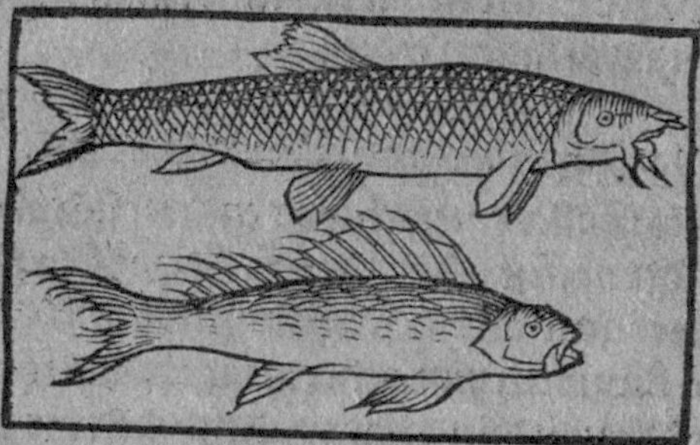

Von Barben.

DEr Barb/ welchen die Latini Mulum Barbum vnnd Barbonem nennend/ vom baart vnd den zweyen kneblen hår/ so er bey dē maul hat: ist ein edler ringdöuwiger
visch

Wenn man die kochen will, soll man sie in kaltem Wein aufstellen. Äschenschmalz ist ein gar heilsames Ding zu dem Brand und zu den Augen.

August

Barben und Egli sind ungleich,
die Armen essen sie und der Reich.
Sind beide gut gesotten oder gebacken,
im August macht das keine Ursachen.

Barb (Barbe)

Eglin (Barsch)

Von Barben

Der Barb, welchen die Lateiner *Mulum, Barbum* und *Barbonem* nennen, vom Bart und den zwei Knebeln her, die er beim Maul hat: es ist ein edler bekömmlicher Fisch,

visch / krancken vnd gsunden menschen vnschädlich: ist im Meyen am besten / aber im Höuwmonat nimpt er wider ab. Sein narung ist das seekraut / schnegken vnd visch / verschonet auch nitt der vischen seines geschlächts. Jr art ist / dz sy sich vnder die rein lägerend vnnd wůlend wie die schweyn / so lang biß sy etwan verfallen. So man den Barben sieden wil / so lege man den in heissen weyn. Sein rog / vnnd sunderlich im Meyen / hatt die krafft vnnd natur zů laxieren vnnd stůlgang zemachen / sonderlich an můssiggendenn leüten / dann ich erfarenn hab / daß er an arbeitsamen nit gewürcket hatt.

Vom Hürling / Stichling vnd Eglin.

DJse drey sind ein visch / verenderend aber den namen nach der zeyt: dann im ersten jar / vnd weyl er minder dann järig ist / wirt er der zeyt nach genennt ein Hürling / im anderen jar so er yetz erstarcket vñ stächēd gredt hatt / wirt er genent ein Stichling: im drittē jar aber wirt er gneñt ein Eglin / anderstwo wirt er genent ein Reling / an etlichen orten

kranken und gesunden Menschen unschädlich: ist er im Mai am besten, aber im Juli nimmt er wieder ab. Seine Nahrung sind Seekraut, Schnecken und Fische, er verschont auch nicht der Fische Eier. Ihre Art ist, dass sie sich am Boden legen und wühlen wie die Schweine, so lang bis sie etwas erwischen. Wenn man den Barben kochen will, so lege man den in heißen Wein. Sein Rogen, besonders im Mai, hat die Kraft und Natur zu Harndrang und Stuhlgang zu führen, besonders an müßigen Leuten, denn ich erfahren habe, dass er an Arbeitssamen nicht gewirkt hat.

Vom Hürling, Stichling und Eglin

Diese drei sind ein Fisch, verändern aber den Namen mit der Zeit: denn im ersten Jahr, und weil er weniger als jährig ist, wird er der Zeit nach genannt ein Hürling, im anderen Jahr so er jetzt verstärkte und stechende Stacheln hat, wird er genannt ein Stichling: im dritten Jahr aber wird er genannt ein Eglin (Egli), anderswo wird er genannt ein Reling, an etlichen Orten ein Bersich/bey etlichen ein Perch/ welcher namm auch nit vnänlich ist dem Latinischen namm Perca/als etlich meinend/ quasi porca. Dann gleych wie das schweyn oben über den rugken här hatt rauch stächend bürst: also hatt auch das Eglin ob dem rugkenn här rauch stächend gredt/damit sy Gott vnd die natur bewaaffnet hatt wider die schädlichen raubfisch. So diser visch angriffē wirt/ so streüßt er sich vnd verletzt mit dem burst/ welcher stich gar vnheilsam ist. Die Hürling/welche ettliche Siluros nennend / mag man Perculas nennen. Dise visch leichend im Mertzen vnd Aprellen: die jugend aber darff man nach der Seeordnung vor Sant Vlrychs tag nit fahen. Vnder allen vischē ist gas Egle der gsündest/ den auch verwundet leüt vnd kindbetteren essen dörffend. Alle kranckheit so dē Eglin mag zůstehn schlecht alle in die läber: dahär dann kein Eglin ist/ das nit pfinnen an der läberen habe/ derhalben sy vngsund vnnd gar nit damit zebrangen ist. So man die Hürling sieden wil/ sol mans in heissen / die Stichling aber vnnd Eglin in kalten weyn legen.

ein Bersich, bei etlichen ein Perch, welcher Name auch nicht unähnlich ist dem Lateinischen Namen *Perca*, aber etliche meinen, *quasi porca*. Denn gleich wie das Schwein oben über den Rücken eine raue stechende Bürste hat: so hat auch das Egli über dem Rücken raue stechende Stacheln, womit sie Gott und die Natur bewaffnet hat gegen die schädlichen Raubfische. Wenn dieser Fisch angegriffen wird, sträubt er sich, verletzt und sticht mit der Bürste, welcher Stich gar unheilbar ist. Die Hürling, welche etliche *Siluros* nennen, kann man Perculas nennen. Diese Fische laichen im März und April: die Jungen aber darf man nach der Seeordnung vorm Sankt Ullrichstag nicht fangen. Unter allen Fischen ist das Egli der gesündeste, den auch verwundete Leute und im Kindbett liegende essen dürfen. Alle Krankheiten die den Egli befallen, schleichen sich in die Leber: daher es kein Egli ist, der nicht Finnen in der Leber hat, weshalb die ungesund und gar nicht damit zu prahlen ist. Wenn man die Hürling kochen will, soll man sie in heißen, die Stichling aber und Egli in kalten Wein legen.

Herbstmonat.

Trüschen vnd Albelen sind gůt fisch
So man die bereitet also frisch
Gsotten vnd braaten keck vnd satt
Am besten sinds im Herbstmonat.

Von Treüschen vnd Moserlin.

DJe Treüsch oder triesch vnd das Moserlin sind einerley visch/verenderend aber den namen nach den jarē/auch jre weid vnd lågerstatt. Dann dieweyl er jung ist/hatt er sein wonung im mieß/dahår sy dañ von etlichen Muscones à musco/võ mieß hår genennt werdend. Nach dem sy aber jr alter erlangend/so enderendts die weid/vnd werdend genennt Treüschen/welche man

September

Trüschen und Albelen sind gut Fisch,
so man sie bereitet also frisch.
Gesotten und gebraten keck und satt,
am besten sind's im Herbstmonat.

Treüsch (Trüsche)

Albele (Felchen)

Von Trüschen und Moserlin

Die Trüsch oder Triesch und das Moserlin sind dieselben Fische, verändern aber den Namen nach den Jahren, auch ihre Weide und Lagerstätte. Denn während er jung ist, hat er seine Wohnung im Mieß, daher sie dann von etlichen *Muscones á musco*, von Mieß (Wasserpflanzen) her genannt werden. Nachdem sie aber ihr Alter erlangen, so ändern sie die Weide, und werden genannt Trüschen,

(uocabulo barbaro) Triscas nenē möcht. Dise wirt eins werckschůchs lang/ vñ zweyer pfund schwär: werdend vmb den gantzen Bodensee nienen mer vnd grösser gfangen/ dann zů Rhineck. Daselbst findt man auch Wirt die den Gesten die läberen auß den Treüschē (welches am visch der recht brang vnd schläck ist) kochend/ vnd die Treüschen wider in ghalter 14. tag lang gehn lassend. Vnder allē vischē ist keiner d' vor alter blind werd dañ die Treüsch. Ir leich hebt an im December frů oder spaat/ nach dem es kalt od' warm ist. So mā die siedē wil/ sol mans in kaltem weyn über thůn. Im jar 1446. ward zů Constantz ein so grosse Treüsch gefangen/ daß sy fünff batzen galt.

Von Albelen.

DJe Seel/ Stüb vnd Gangfisch ist ein visch/ enderet aber den namen nach den jaren. Im ersten jar werdendts genennet Seelen/ im anderen jar Stüben. Am Zürychsee aber werdends geneñt Albalen (Alburin) eintweders ab albedine/ das ist/ von der weisse der schůppē vnd deß fleischs: oder aber

welche man (*vocabulo barbaro*) *Triscas* nennen möchte. Diese wird einen Werkschuh lang, und zwei Pfund schwer: werden um den ganzen Bodensee nicht mehr und größer gefangen, als zu Rheineck. Dort findet man auch Wirte die den Gästen die Leber aus den Trüschen (welches am Fisch der wahre Brang und Schleck ist) kochen, und die Trüschen dann wider 14 Tage lang in den Hälter lassen. Unter allen Fischen ist keiner der vor Alter blind wird, aber die Trüsche. Ihre Laichzeit fängt an im Dezember früh oder spät, je nachdem ob es kalt oder warm ist. Wenn man die kochen will, soll man sie in kaltem Wein aufstellen. Im Jahr 1446 wurde zu Konstanz eine so große Trüsche gefangen, das sie fünf Batzen (Münzen) wert war.

Von Albelen

Die Seel, Stüb und Gangfisch sind ein Fisch, ändern aber den Namen nach den Jahren. Im ersten Jahr werden sie genannt Seelen, im anderen Jahr Stüben. Am Zürichsee aber werden sie genannt Albalen (Alburin) entweder *ab albedine*, das ist, von dem Weiß der Schuppen und des Fleisches:

aber vom wörtlin Halb/quasi Halbelen/darumb das es halb erwachsen visch sind. Im dritten jar werdendts genan̄t Gangfisch/ꝛc. Von diser gattung vischē/ wellend wir härnach weytlöuffiger schreyben/ da wir von dē Seelen vnd Gangfischen in sonderheit sagen werdend.

Weynmonat.

Hecht vnd Rottinen sind so gmein
Daß man sy facht selten allein
Am besten sinds in dem Weynmonat
Ouch gsund vnd gůt wol eyngekochat.

Vom Hecht.

DEr Hecht/welchen die Latini Lucium von dē Griechischē wörtlin λυκὸς, id est,

oder aber vom Wörtlein Halb, quasi Halbelen, darum weil es halb erwachsene Fische sind. Im dritten Jahr werden sie genannt Gangfische. Von dieser Gattung Fische, wollen wir hiernach weitläufiger schreiben, wo wir von den Seelen und Gangfischen in Besonderheit sprechen werden.

Oktober

Hecht und Rotfeder sind so allgemein,
dass man sie selten fängt allein.
Am besten sind's im Weinmonat,
auch gesund und gut wohl eingekochat.

Hecht (Hecht)

Rott (Rotfeder)

Vom Hecht

Der Hecht, welchen die Lateiner *Lucium* vom griechischen Wörtlein Λύκος, *id est*,

Lupus nennend (doch ist Lupus eigentlich zereden ein anderer visch deß Meers) ist ein sunder ringdöuwiger visch: danäbend aber auch ein schädlicher vnd fräßiger raubfisch/ dahär er dann Lupus/das ist/ ein wolff genennt wirt. Sein leich hept an im Aprellen vnd wäret bey zwey monaten/ so besseret er sich wider. Doch so ist ein alter Hecht zů allen zeyten deß jars gůt/ on allein so er den rogen laßt. Es ist auch der milcher besser dann der rogner/wie auch vnder anderen vischē. Er ist gůt gsotten/braaten vnd bachen. So man den außnemmen vnd zum sieden bereiten wil/sol man die gallen nemmen vnd den visch damit überstreychenn/ gleych wie den Karpffen mit seinem schweiß: oder mā mag die bey anderm eyngweid sieden. So man den Hecht sieden wil/sol man den in süttigem weyn überthůn/vnd daran das saltz nit sparen/ dann er deß nit mer an sich nimpt dann im gebüre. So man aber den Hecht wil blaw sieden/ so thů im also: Mach den zů stucken/wäsch die vom schweiß sauber ab/ legs darnach ein halb stūd oder länger in ein starcken essich. Darnach thů in eim vischkessel

Lupus nennen (doch ist Lupus der Rede nach eigentlich ein anderer Fisch des Meeres) ist ein besonders bekömmlicher Fisch: daneben aber auch ein schädlicher und gefräßiger Raubfisch, daher er auch *Lupus*, das ist, ein Wolf, genannt wird. Seine Laichzeit fängt an im April und dauert bei zwei Monate, dann bessert er sich wider. Doch ist ein alter Hecht zu allen Zeiten des Jahres gut, schon alleine deshalb da er den Rogen ablässt. Es ist auch der Milchner besser als der Rogner, wie auch unter den anderen Fischen. Er ist gut gekocht, gebraten und gebacken. Wenn man den ausnehmen und zum Kochen vorbereiten will, soll man die Galle nehmen und den Fisch damit bestreichen, gleich wie den Karpfen mit seinem Schleim: oder man kann die mit anderen Innereien kochen. Wenn man den Hecht kochen will, soll man den in siedendem Wein aufstellen, und daran an Salz nie sparen, denn er nimmt nicht mehr an als ihm gebührt. Wenn man aber den Hecht blau kochen will, so tue es wie folgt: Mach ihn zu Stücken, wasche die vom Schleim sauber, leg sie danach eine halbe Stunde oder länger in einen starken Essig.

kessel wasser über/das saltz wol/ vnd so es in allem sieden ist/so schütt visch vñ essich mit einanderen daruon/vnd laß es siedē biß auff sein statt/doch so nimm deß wassers nit mer dann zweymal als vil als deß essichs/so wirt der visch gātz blaw/lustig vñ wolgschmackt. Der hechtkyfer in einem mörser klein gestossen vnd eines guldins schwär eyngenom̃en zersprengt vnd bricht den blaterstein.

Von Rotten oder Rottinen.

DEr Rott ist ein breiter schūpfisch nit vngleych dem Furn/anderest dann das er nit so breit vnd rogenhafft ist. Gsellet sich zů zeyten zů den Brachsmen/ mit denen leicht er/vnd wirt darauß ein halbfisch (wie mans nennt) etwas grösser dann die Rott vnd kleiner dann die Brachsm. So man den sieden wil/ sol man damit handlenn wie mit der Brachsm/ vnd in kaltem weyn überhůn.

Wintermonat.

Nasen vnd Rötelen mit vnderscheid
Werdend auch kocher zůbereit

Danach tue in einem Fischkessel Wasser aufstellen, salze es wohl, und wenn es beim Kochen ist, so schütte Fisch und Essig mit einander darein, und lass es kochen bis es fertig ist, doch nimm vom Wasser nicht mehr als zweimal so viel wie vom Essig, so wird der Fisch ganz blau, lustig und wohlschmeckend. Der Hechtkiefer in einem Mörser klein gestoßen und eines Guldens schwer eingenommen zersprengt und bricht den Blasenstein.

Von Rotten oder Rottinen

Der Rott ist ein hoher Schuppenfisch nicht ungleich dem Furn, nur dass er nicht so breit und wohlbeleibt ist. Gesellt sich der Fisch zu Zeiten zu den Brachsen, mit denen er laicht, so wird daraus ein Halbfisch (wie man des nennt) etwas größer als die Rotfeder und kleiner als die Brachse. Wenn man den kochen will, soll man damit handeln wie mit den Brachsen, und in kaltem Wein aufstellen.

November

Nasen und Rötel mit Unterscheid,
werden auch kochend zubereit'.

Doch solt jr art also verston
Am besten sinds im Wintermon.

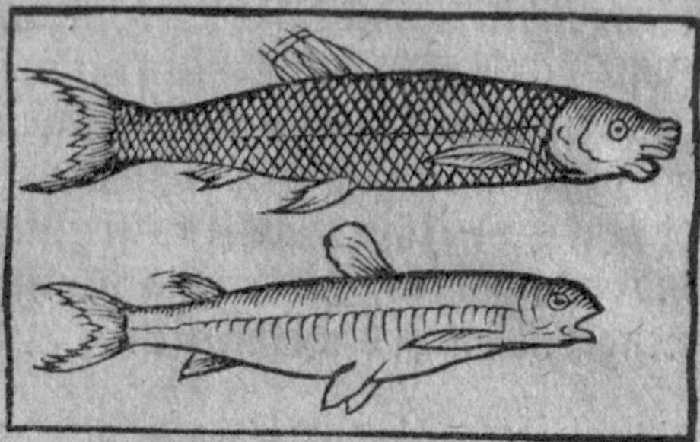

Von Rötelen/Rötling vnd Roten.

DJß sind weisse rot gesternete fischlin/habend ein groß hangẽds beüchlin/da här sy bey den Latinischẽ Rubeculi von etlichẽ neüwen geneñt werdend: habend jr wonũg in den tieffinẽ/ werdend so groß daß sy sechs kreützer geltend. So bald sy über das wasser kommend/werffend sy sich an rugken vnnd stehnd ab wie die Stüben. Jr bester fang ist vm̃ Bodman vnd vmm̃ Argen.

Wolffmonat.

Der Alantfisch vnd wasser Hegling
Gesotten gütt sinds darzü döuwig

Sind

Doch sollt ihr halt auch verstehen,
am besten sind‘s in Wintermonaten.

Nase (Nase)
Rötel (Seesaibling)

Von Rötelen, Rötling, und Roten

Dies sind weiße rotgepunktete Fischlein, haben ein großes hängendes Bäuchlein, daher sie Lateinisch *Rubeculi* von etlichen Neuen genannt werden: haben ihre Wohnung in den Tiefen, werden so groß dass sie sechs Kreuzer wert sind. Sobald sie an die Wasseroberfläche kommen, werfen sie sich auf den Rücken und stehen wie die Stüben. Ihr bester Fangplatz ist um Bodman und um Argen.

Dezember

Der Alant Fisch und Wasser Hegling,
gesotten gut sind’s dazu bekömmlich.

Sind smertheil feißt/milt/gůt vnd matt
Am besten sinds im Wolffmonat.

Vom Alant.

DEr Alant/ so die Latini squalum nennend/ist ein rucher schůpfisch/am fleisch nit vngleych den Nasen/ die doch weder im Ober noch Vndersee wonend: derhalben ist er braatē besser dann gsotten. So man aber den ye sieden wil/sol mā jn überthůn in kaltē weyn/vnd so er schier eyngsotten ist/mit heisser butter begiessenn. Diser visch ist in seinē leich gar wunderbarlich/dañ er im Meyen an der einen seyten leichet / vnd an der anderen hinauß so die Emle zeytig sind. So er seine jar erlanget wirt er einer eln lang.

Sind meistens feist, mild, gut und matt,
am besten sind's im Wolfsmonat.

Alant (Döbel)

Baut (Elritze)

Vom Alant

Der Alant, den die Lateiner *Squalum* nennen, ist ein rauer Schuppenfisch, im Fleisch nicht ungleich den Nasen, die doch weder im Ober- noch im Untersee wohnen: deswegen ist er gebraten besser als gekocht. Wenn man den aber einkochen will, soll man ihn in kalten Wein aufstellen, und wenn er fast eingekocht ist, mit heißer Butter begießen. Dieser Fisch ist in seinem Laich sonderbar, da er im Mai an der einen Seite laicht, und an der anderen hinaus geht wenn die Sauerkirschen zeitig sind. Wenn er seine Jahre erlangt wird er eine Elle lang.

Von Seelen/Stüben/Gangfischen.

DJe Seel/ Stüb vñ Gangfisch ist einerley visch/ enderet aber den namen nach den jaren. Jm ersten jar werdendts genant Seelen/im anderen jar Stübẽ/am Zürych see werdendts genennt Albelen (Alburin) eintweders ab albedine/das ist/vonn der weisse der schůppen vnd deß fleischs: oder aber vom wörtlin halb/quasi Halbelen/darumb das es halb erwachsen visch sind. Jm dritten jar werdendts genennt Gang oder Wattfisch/in den alten Latinischen brieffen Vadi pisces. Nun sind dreyerley Gangfisch im Bodensee: die erst gattung werdend genennt Sandgangfisch/vnnd darauß erwachsend Sand oder Adelfelchen. Die ander gattung das sind grůn Gangfisch/vnd darauß erwachsend Blawfelchen. Die dritt gattung sind weiß Gangfisch/vnd die selbigen bleybend Gangfisch. Etlich werdend gefangen vmb Constantz/vnnd ist jr leich in der Fasten/vnd jr lägerstatt zum grösten in der Clauß zwüschend Brägentz vnnd Lindouw. Die ander gattung wirdt gefangen vmb Constantz/vnnd ist jr leich im Wolffmonat

Von Seelen, Stüben, Gangfischen

Die Seel, Stüb und Gangfisch sind derselbe Fisch, ändern aber den Namen nach den Jahren. Im ersten Jahr werden sie genannt Seelen, im anderen Jahr Stüben, am Zürichsee werden sie genannt Albelen (Alburin) entweder *ab albedine*, das ist, von der Weiße der Schuppen und des Fleisches: oder aber vom Wörtlein Halb, quasi Halbelen, da es halb erwachsenen Fische sind. Im dritten Jahr werden sie genannt Gang- oder Wattfisch, in den alten Lateinischen Briefen *Vadipisces*. Nun sind dreierlei Gangfische im Bodensee: die erste Gattung wird genannt Sandgangfisch, und daraus erwachsen Sand- oder Adelfelchen. Die andere Gattung sind grüne Gangfische, und daraus erwachsen Blaufelchen. Die dritte Gattung sind weiße Gangfische, und dieselben bleiben Gangfische. Etliche werden um Konstanz gefangen, und ihre Laichzeit ist in der Fastenzeit, und ihre Lagerstatt zum größten Teil bei der Klause zwischen Bregenz und Lindau. Die andere Gattung wird um Konstanz gefangen, und hat ihre Laichzeit im Dezember,

monat/vnd wäret bey sechs wuchen. Jr grö ste lägerstatt ist näbendt Constantz/deß orts das man nennt in der Grůb/da sy järlich in grosser anzal gefangen werdend. Jm jar 1534. wurdend in einem zug gefangenn ob sechs vnd viertzig tausend Gangfisch/vnnd diß sind die weissen Gangfisch vnd nit über spañen länge. Dise all sind gůt gesotten/ge braaten vnd gebachen. So mans sieden wil sol mans in heissen weyn legen. Dise visch werdend in lagelen eyngsaltzen vñ in frömb de land gfürt. Man derrts auch vnd verce-ret damit Fürsten vnd Herren.

Von Kirchlin.

DJß sind weiß schůpfisch vnd geformiert wie die Gangfisch/habend groß beüch/ werdend als groß als halb Felchen. Jr wo-nung ist in der tieffe/vnd jr leich zů Som-mers zeyt/sind zů kochen wie die Felchen.

Von Grundlen.

DJß ist gar ein edels schleymfischlin/ wel ches bey den neüwen Latineren Fundu lus genent wirt. hatt den namen da här/ das

die dauert um sechs Wochen. Ihre größte Lagerstätte ist neben Konstanz, den Ort den man in der Grube nennt, wo sie jährlich in großer Anzahl gefangen werden. Im Jahr 1534 wurden in einem Zug über sechsundvierzig Tausend Gangfische gefangen, und dies sind die weißen Gangfische, und nicht über eine Spanne lang. Diese sind alle gut gekocht, gebraten und gebacken. Wenn man sie kochen will soll man sie in heißen Wein legen. Diese Fische werden in Fässern eingesalzen und in fremde Länder geführt. Man trocknet (räuchert) sie auch und beschenkt damit Fürsten und Herren.

Von Kirchlin

Dies sind weiße Schuppenfische und geformt wie die Gangfische, haben große Bäuche werden so groß wie halbe Felchen. Ihre Wohnung ist in der Tiefe, und Ihre Laichzeit zur Sommerszeit, sie sind zu kochen wie die Felchen.

Von Grundlen

Dies ist gar ein edles Schleimfischlein, welches bei den neuen Lateinern *Fundulus* genannt wird: hat den Namen daher,

es sein wonung im grund hatt. Ist am bestē von Wienächten biß auff Osterē/ als dañ hebt der leich an. Doch wellēd ettliche daß sy all monat leichind. So man die sieden wil/ sol mans in heissen weyn legen/mit essich ab trücknen/vnd nit lang sieden lassen.

Von Bauten oder Pfellen.

DIe Bauten sind kleine schleymfischlin/ vast in der långe wie die Grundlen/habend weisse beüchlin/sind spregkelet vnd gespieglet wie die Pfåwlin/da hår sy dann an etlichen orten pfellen oder pfrillen genennt werdend. Das wörtlin aber pfrill kumpt vilicht hår vom Latinischen wort pauellus/ welches ein pfåwlin oder ein junger pfaw heißt. Dahår dann auch das vischlin dem Latinischē nach Pauellus mag geneñt werden. Sy werdend auch Bintzbautē geneñt/ darumb das jr wonung vnd weid in dē bintzē. Sind gůt vom December biß nach Ostren/als dañ hept an jr leich. Man kochets aller ding wie die Groppen.

Von Wälinen.

Wälinen oder Bälinē/sind gleych in den süssen wasserē wie die Balene(in Latin genañt

da es seine Wohnung am Grund hat. Ist am besten von Weihnachten bis auf Ostern, dann fängt die Laichzeit an. Doch denken etliche dass sie jeden Monat laichen. Wenn man die kochen will, soll man sie in heißen Wein legen, mit Essig abtrocknen und nicht lange kochen lassen.

Von Bauten und Pfellen

Die Bauten sind kleine Schleimfischlein, fast so lange wie die Grundeln, haben weiße Bäuchlein, sind gesprenkelt und glänzen wie die Pfaue, weshalb sie an etlichen Orten Pfellen oder Pfrillen genannt werden. Das Wörtlein Pfrill kommt aber vielleicht vom lateinischen Wort *Pavellus*, was ein Pfäulein oder ein junger Pfau heißt. Daher auch das Fischlein dem lateinischen nach Pavellus genannt werden kann. Sie werden auch Binsbauten genannt, da Ihre Wohnung und Weide in den Binsen ist. Sie sind gut von Dezember bis nach Ostern, da dann ihre Laichzeit beginnt. Man kocht sie allerdings wie die Koppen.

Von Wälinen

Wälinen oder Bälinen, sind gleich im Süß-

genant) im meer sind. Sind die aller gröstē vñ fürnemstē visch im Bodēsee: sind schlym fisch/habēd groß vñ breit köpff/vñ gar nach gestaltet wie die groppē/ am fleisch vnd geschmackt nit vngleych den Treüschē. Diser gattūg visch werdend wenig gefangē/võ wågen dz jr weid vñ wonung in aller tieffe ist/ dahin kein fischerzug langē mag. Doch lassend sy sich zů etlicher zeyt hårauf/aber seltē eine allein. Es habends die altē für ein gwüsse anzeigūg gehaltē/daß sich gmeinlich nach dē sich dise visch såhē lassend vñ gfangē werdend/etwas wichtigs vñ grosses am Bodēsee zůtrage vñ verlauffe. Zů Bischoffs Hugen zeytē/welcher im jar nach Christi geburt 1498. an das Bisthumñ komen ist/wurdend bey Rhineck drey Wålinē gfangē/ derē eine kam gen Veldkirch/eine gen Lindouw/vnd die kürtzest gē Constantz/die doch långer wz dañ kein mañ in Constantz/wie dañ die selbigen all gemessen/vñ in der Fischerzunfft im saal verzeichnet vñ gemalet wordē sind. So man dise visch sieden wil/ so lege mans vorhin gestucket in kalten weyn/vnnd machs in ein gålwe wolgewürtzte brüye.

wasser wie die Balene (in Latein genannt) im Meer. Sie sind die allergrößten und vornehmsten Fische im Bodensee: sind Schleimfische, haben einen großen und breiten Kopf, und danach gestaltet wie die Koppen, in Fleisch und Geschmack nicht ungleich den Trüschen. Dieser Art Fische werden wenig gefangen, da ihre Weide und Wohnung in aller Tiefe ist, wohin kein Fischzug langen kann. Doch kommen sie zu etlichen Zeit herauf, aber selten einer allein. Es haben die Alten für ein gewisses Zeichen gehalten, dass sich allgemein nach dem sich diese Fische sehen lassen und gefangen werden, etwas wichtiges und großes am Bodensee zutrage und verlaufe. Zu Zeiten des Bischofs Hugo welcher im Jahr 1498 nach Christi Geburt an das Bistum gekommen ist, wurden bei Rheineck drei Waller gefangen, der eine kahm nach Feldkirch, einer nach Lindau, und der kürzeste nach Konstanz, der doch länger war als kein Mann in Konstanz, als dann dieselben alle gemessen, und in der Fischerzunft im Saal verzeichnet und gemalt wurden. Wenn man diese Fische kochen will, lege man sie vorher gestückelt in kalten Wein, und gibt sie in eine gelbe wohlgewürzte Brühe.

Das Annder büchlin/wie man visch vnd vögel mit den händen vnnd auch sunst fahen sölle/mitsampt dreyssig neüwen vnd bewärten Recepten.

Vom visch fahen.

IM Meer wo ein schlächt vfer ist/werdend vil visch gefangen mit einem netz/das sy nennend Scorticariam. Das netz ist gar lang/breit vnd eng/vnd hatt einen strick zů der einen seyten mit pleyklötzen/vnd auff der anderen seyten mit pantoffelholtz das es sich selber aufrichtet im wasser/vnnd also außgespreitet bleibe. Das netz fürend sy mit einem schiff in das Meer/vñ lassend das ein haupt an der erden/das alle zeyt ein theyl steig an den grund.

Wann die schiffleüt gefaren sind in das Mer

Das andere Büchlein,

wie man Fische und Vögel mit den Händen und auch sonst fangen kann, mitsamt dreißig neuen und bewährten Rezepten.

Vom Fische fangen

Im Meer wo ein schlechtes Ufer ist, werden viele Fische mit einem Netz gefangen, das genannt wird „Scorticariam“ (Zugnetz). Das Netz ist ziemlich lang, breit und eng, und hat einen Strick (Seil) auf der einen Seite mit Bleiklößen, und auf der anderen Seite mit Holzpantoffeln, so dass es sich im Wasser selbst aufrichtet, und auch so ausgespreizt bleibt. Das Netz führen sie mit einem Schiff auf das Meer, und lassen den Anfang an Land, sodass stets ein Teil den Grund berührt.

Wenn die Schiffsleute aufs Meer gefahren sind,

Meer/vnd das netz gar habend auß geworf
fen/so kommend sy wider/ als mit einẽ bogẽ
zum vfer. Zwen fischer bey dem vfer ziehend
die zwey haupt deß netz zů dem land.

¶ Item die visch werdend gefangen im
Meer mit einem netz das ist subtyl vnd nit
groß an zweyen stangẽ/ das senckend sy in
das Meer/ vnd gar bald bringẽd sy das mit
vischen.

¶ Ein ander netz hatt ein form als ein
gezelt/ist vndẽ verpleyget/geht vmb zů werf
fen/vñ in seiner höhe hatt es ein langẽ strick.
Das netz hebt der fischer an seinem lingken
arm zů gelassen/vñ wirfft das mit der rech
ten hand in das wasser/das felt dañ also o=
ben iñ den grund/vnd beschleüßt alle visch
die es findt. Vnd wañ es gezogen wirdt/so
zeücht es die visch mit jm: das neñet man zů
Teütsch ein Wurffgarn.

¶ Ein netz ist an einer stangẽ mitt zweyẽ
benglen/oder mit einem reiff bequemlich an
gebundẽ. Das netz hebt der fischer iñ die stil-
len wasser/vñ steht er außwendig/ vnd so er
ein zeyt (doch nit zů lang) gesteht/so holet er
das auf. Zun zeytẽ setzt er das bey dem vfer

und das Netz ausgeworfen haben, so kommen sie wieder, mit einem Bogen zum Ufer. Zwei Fischer am Ufer ziehen die zwei Anfänge des Netzes an Land.
Ferner werden die Fische gefangen im Meer mit einem Netz das subtil ist und nicht groß, an zwei Stangen (Senknetz), das senken sie in das Meer, und bald danach bringen sie es mit Fischen heraus.
Ein anderes Netz hat die Form wie ein Zelt, es ist unten verbleit, um es zu werfen, und Oben hat es einen langen Strick (Schnur). Das Netz legt der Fischer auf seinen linken Arm, und wirft es mit der rechten Hand in das Wasser, es fällt dann auch so auf den Grund, und umschließt alle Fische die dort sind. Und wenn es gezogen wird, so zieht es die Fische mit: das nennt man auf Deutsch ein Wurfgarn (Wurfnetz).
Ein Netz ist an einer Stange mit zwei Bügeln, oder mit einem Ring bequem angebunden. Das Netz (Hamen) hebt der Fischer in die ruhigen Gewässer, und steht draußen, und nachdem er einige Zeit (doch nicht zu lange) steht, holt er das heraus. Manchmal setzt er das beim Ufer

vnder die schilff vnd kreüter / außtreybende die übrigen fisch in sein netz.

¶ Ein netz / das sy nennend Togolariam / in den engen tålen / das ist lang vnnd eng / hatt gar einen weyten eyngang / ist fürbaß schmåler biß zů dem schwantz / ist lang vnd hatt vil behaltnuß: wann die visch dareyn kommend / mögend sy darauß nit mer entfliehen. Das netz setzet man mit zweyen groben stangen in engheit zwüschend stein oder holtz / vnd festet die zwo stangen an söliche stein oder holtz / biß zů dem vfer. Das laßt man stehn tag vnd nacht / vnnd wåndend die eyngång auffrecht / dann so mögēd die visch die von oben kommend nit anderstwo gehn / dann in die weyten eyngång deß netzes / vnd fürbaß in den schwantz. Der fischer aber fart darzů vnd hebt den schwantz in sein schifflin / findet zum offterenn mal vil visch in dem schwantz / vñ namlich Ael zů hauffen gewicklet / wann sy in der brunst sind.

Wie

an das Schilf und die Kräuter, die übrigen treiben die Fische in sein Netz.

Ein Netz das sie nennen „Togolariam“ (Trappnetz), das ist lang und eng, hat gar einen weiten Eingang, wird vorne bis zum Schwanz (Sack) schmäler, ist lange und hat viele Kehlen: wenn die Fische darein kommen, können sie daraus nicht mehr fliehen. Das Netz setzt man mit zwei großen Stangen eng zwischen Steine oder Holz, und befestigt die zwei Stangen an solche Steine oder Holz, bis zum Ufer. Das lässt man stehen Tag und Nacht, und richtet die Eingänge nach Oben, denn so können die Fische die von Oben kommen nicht anderswo hingehen, als in die weiten Eingänge des Netzes, und nach vorne in den Sack. Der Fischer aber fährt dorthin und hebt den Sack in sein Schifflein, findet zum Öfteren mal viel Fische im Schwanz (Sack), vornämlich Aale zu Haufen gewickelt, wenn sie in der Brunst (Laichwanderung) sind.

Wie man mit kisten vnd kesfigen/welche die hoch Teütschen ouch reüschen neñend/visch fahet.

DJe fischer machend kysten auß gerten/am haupt weyt vñ am schwätz eng/ die fůrend sy stehende in dem wasser. Vnnd zů zeyten machend sy sölliche reüßen also leycht/daß sy die selbigen binden an stänglin/vnnd fůrend sy mit jnen in den trůben wasseren/oder auch wann sy stehnd auff den vferen.

¶ Auß Sembden werdend gemacht runde netz vnd breit/der eyngang iñerlich ist eng vñ außwendig weyt/die ligend tag vñ nacht am grund mit beschwärung eines steins/vñ habend ein Weynräb an dem schwantz/damit sy widerumb auß gezogen werdend. Sy werdend aber inn zweyerley gestalt gemachet. Eine/das sy innwendig gar weyt vnd rund sind/vnd in jren boden leget man weichenn läتthen vnnd ettlich körner/ zů denen gehnd etliche geschlächt der fischen spyß halben/vñ mögend dañ nit wider außgehn.

Wie man mit Kisten und Käfigen, welche die Hochdeutschen auch Reusen nennen, Fische fängt.

Die Fischer machen Kisten aus Gerten (Ruten), am Kopf weit und am Schwanz eng, die führen sie stehend in das Wasser. Und manchmal machen sie solche Reusen auch leicht, da sie diese an Stangen binden, und führen sie damit durch das trübe Wasser, oder stellen sie auch ans Ufer.
Aus Seggen werden runde und breite Netze gemacht, der Eingang innerlich ist eng und außerhalb weit, die liegen Tag und Nacht am Grund mit Beschwerung eines Steins, und haben eine Weinrebe am Schwanz, womit sie wieder herausgezogen werden. Sie werden aber in zweierlei Gestalt gemacht. Eine, die innerlich gar weit und rund ist, und in ihren Boden legt man weichen Lehm und etliche Körner, zu denen kommen etliche Arten von Fischen um zu fressen, und können dann nicht wieder herauskommen.

Andere sind gantz eng vnd lang/sonderlich aber im eyngang/vñ im mittel zů mal eng/darnach aber weyt/im schwantz aller engst. Vñ die gehnd die visch/nit speyß halbē/sonder daß sy da verborgē wonen mögind/vnd mögend doch nit darauß gehn als auß den ersten.

Wie man mit anglen vnd vnd hacken visch fahen möge.

ANgel werdend gemacht auff dreyerley weyß. Die ersten schlecht eyserne häcklin/oder stächlin/sind gar kenntlich. Die anderen von dreyen engelen oder vierē zůsamen gebundē/Spaderni genañt. Die dritten sind grösser vnd habend vil spitz/vñ ein yetlicher spitz hatt ein widerhäcklin als die ängel/daß sy widerhalten mag/die machet man an ein stangē. Mit den ersten fahet man visch auff dreyerley weyß. Zum ersten wañ man daran körderet ein läbendiges vischlin/mit dem werdend gefangen all raubfisch/als die Hecht vnnd per gleychen/

Andere sind ganz eng und lang, besonders aber im Eingang, und im Mittelteil vorerst eng, danach aber weit, im Schwanz ganz eng. In die gehen die Fische, nicht des Fressens wegen, sondern da sie dort verborgen wohnen möchten, und können doch nicht heraus gehen wie aus den Ersten.

Wie man mit Angeln und Hacken
Fische fangen kann.

Angeln werden auf dreierlei Weise gemacht. Die ersten schlicht eiserne Häcklein, oder Stächling, sind gut bekannt. Die anderen von drei oder vier zusammengebundenen Angeln, „Spaderni“ (Drilling) genannt. Die dritten sind größer und haben lange Spieße (Speere), und etliche Spieße haben einen Wiederhaken als Angel, der wiederhalten kann, die befestigt man an eine Stange. Mit der ersten fängt man Fische auf dreierlei Weise. Zum ersten beködert man daran ein lebendes Fischlein, mit dem werden alle Raubfische gefangen, wie Hecht und dergleichen,

dann die selbigen verschlündend den visch mit dem angel/vnd ist not daß der groß vnd starck sye von ertz/auch das stricklin starck vmbwunden mit gewichßtem fadē oder mit einem kleinen eyserinen oder mössinen drat/ daß der visch nit abbeisse.

¶ Zum anderen wirdt der angel gebunden an ein stricklin von weissen roßzhaaren geflochten/vnnd daran die speyß gesteckt/so von den vischen begert wirt/daß der angel nit gesähē werde/vnd wirt mit einem stricklin gebunden an ein subtyl gertlin/vnd also in die wasser geworffen/als es gar bekannt vnd mencklichem offenbar ist. Dabey aber ist zů merckē/dz der fischer wüsse was speyß yetlichs geschlächt der vischen begäre/auch welche zeyt deß jars. Dann ein yeder visch wil haben andere speyß im Winter dañ im Soñer/welches der lychtlich wüssen mag/ der da vil vischen bereitet/was materi er in eines yeden vischs gedärm erfindet. Oder das einer versůcht mancherley körder/vnnd was dann den visch behaget/das mercke er.

¶ Wo auch visch sind die den angel kennend oder versůcht habend/vnd nit wöllend

wenn dieselben den Fisch mit der Angel verschlingen, ist es Notwendig dass der groß und stark aus Erz ist, auch das Stricklein stark umbunden mit gewachstem Faden oder mit einem kleinen eisernen oder messingenen Draht, dass der Fisch nicht abbeißen kann.

Zum anderen wird die Angel an ein Stricklein aus weißen geflochten Ross-haaren gebunden, und daran der Köder gesteckt, der von den Fischen begehrt wird, so dass die Angel nicht gesehen wird, und wird mit einem Stricklein gebunden an ein subtiles Gertlein, und dann ins Wasser geworfen, wie es ganz bekannt und menschlichem offenbar ist. Dabei ist aber zu bemerken, dass der Fischer wisse welchen Köder jede Art von Fischen begehrt, auch zu welcher Zeit des Jahres. Denn ein jeder Fisch will eine andere Speise im Winter als im Sommer haben, was der leicht wissen kann, der viele Fische zubereitet, welche Materie er in jeden einzelnen Fisches Gedärme findet. Oder das einer mancherlei Köder versucht, und was dann dem Fisch behage, das merke er sich.

Wo auch Fische sind die die Angel kennen oder versucht haben, und nicht anbeißen möchten,

anbeissen/ so sol der fischer an einer schlächten schnůr die kö:der etlich mal eynwerffen/ daß sy die speyß nemmind vnnd gewonind/ vnnd darnach dañ auch den angel mit eynwerffen.

¶ In tieffen wasseren/ so habend die angel pley / gar nach ein eln vonn dem angel/ daß er gezogen werde an den grund/ vnd daselbst still lige/ namlich in fliessenden wasseren. Dann sol er das stricklin behaltē in der hand/ wann er empfindet an dem genanten finger/ dz ein visch sye am angel sol er zů erstē starck zucken daß der angel wol haffte/ darnach gemächlich/ biß er den visch zů dē land füret: dann gar selten fahet man klein visch an dem grund sunder gemeinnlich groß.

Volgend

soll der Fischer an einer schlechten Schnur die Köder etliche Male einwerfen, dass sie die Speise nehmen und gewöhnen, und erst danach auch die Angel mit einwerfen.
In tiefen Gewässern, haben die Angeln auch Blei, etwa eine Elle von der Angel, dass sie an den Grund gezogen wird, und dort still liege, nämlich im fließenden Wasser. Dann soll er das Stricklein halten in der Hand, wenn er empfindet an dem genannten Finger, dass ein Fisch an der Angel ist soll er zuerst stark zucken, dass die Angel wohl haltet, danach gemächlich, bis er den Fisch zu Land führt: denn gar selten fängt man kleine Fische am Grund sondern gewöhnlich große.

Volgẽd dreyssig neüwer vñ bewärter Recept/wie man visch vnd vögel mit den händen vnd auch sunst fahen sölle.

¶ Ein neüw Recept daruonn die visch toll werdend/daß sy das weiß übersich keerend / vnd selber an das land farend.

I.

Nim̃ ein halb lot oder xvj. Cocle/ ein halb lot Fenckel/ Dillsaamen etwas weniger dann deren zweyen/ stoß sy zůsamen: darnach nim̃ vngeschmeltzt schäffin vnschlit als groß ein ey ist/vnd ein halbe eyerschalen voll honig mit einem vierdung faul schäffin käß/ stoß oder meng es durch einanderẽ/thů auch ein wenig gampfer dar zů/so wirt es ein teigli/darauß mach kügelin als die Cocle gwäsen sind/vñ wirffs hinyn: so sy anfahend blitzen/bedeüt daß sy das aaß geessen habend: wart demnach nur ein halbe stund/so farend sy selber an das land / vnnd

Folgend dreißig neue und bewährte Rezepte, wie man Fische und Vögel mit den Händen und auch sonst fangen kann.

I.
Ein neues Rezept wovon die Fische toll werden, dass sie das Weiß über sich kehren, und selber an das Land springen.

Nimm ein halbes Lot (1 Lot = 14,6 - 15,6 g) oder 16 Cocle, ein halbes Lot Fenchel, Dillsamen etwas weniger als von den zweien vorher, stoße sie zusammen: danach nimm ungeschmolzenen Schaftalg so groß wie ein Ei, und eine halbe Eierschale voll Honig mit einem Viertel faulen Schafkäse, zerstoße oder vermische es miteinander, gib auch ein wenig Kampfer dazu, so wird es ein Teiglein, daraus mach Kügelchen wie die Cocle gewesen sind, und wirf sie hinein: wenn sie anfangen zu blitzen, bedeutet dies dass sie das Aas gegessen haben: warte danach nur eine halbe Stunde, dann springen sie selber an Land,

keerend das weiß übersich/ so ländest sy mitt eim hämlin. So der überig teig hart wirt/so weick jn wider mit gebranntnem oder sunst starckem weyn/so du jn brauchen wilt.

II.

Wie man mit läbendigem kalch/ vnnd namlich in still stehnden wasseren/ visch fahen möge.

Zwen menschē ziehend ein sack mit kalch hin vnd här in dem wasser stercklich/ so werdend die visch all blind/ vnd kommend auff das wasser/ daß man sy mit den händen fahen mag.

III.

Ein schöns stücklin kräbs zefahen.

Beyß laub/ Laubfrösch in Compst obrüe oder Solper drey tage/ da zů samlend sich die Kräbs.

IIII.

Wie man mit den händen visch fahen sölle in dem wasser.

Wilt du vil visch fahen mit den händē/ so nimm ein lot Gampfer/ ein lot weitzen mål/ein lot Reygerschmaltz/ein lot bein vō dem gemeldten vogel. Die bein stoß zů pul-

uer

und kehren das Weiß (Bauch) über sich, so landet man sie mit einem Hamen (Kescher). Wenn der übrige Teig hart wird, so weiche ihn wieder mit gebranntem oder sonst starkem Wein, wenn du ihn brauchen willst.

II.
Wie man mit lebendigem Kalk, vornehmlich in still stehenden Gewässern, Fische fangen kann.

Zwei Menschen ziehen einen Sack mit Kalk hin und her im Wasser, so werden die Fische alle blind, und kommen an die Wasseroberfläche, dass man sie mit den Händen fangen kann.

III.
Ein schönes Stücklein Krebs zu fangen.

Beize Laubfrösche in Kompostbrühe oder Solper drei Tage, dazu sammeln sich die Krebse.

IV.
Wie man mit den Händen Fische fangen kann im Wasser.

Willst du viele Fische fangen mit den Händen, so nimm ein Lot Kampfer, ein Lot Weizenmehl, ein Lot Reiherschmalz, ein Lot Bein von dem genannten Vogel. Die Beine

uer/vnnd misch die anderen stuck alle vnder einanderen/vnd mach ein salb darauß. Du magst ouch darzů nemmenn j.lot baumöl. Vnd wann du vischē wilt/so salb die händ vnd schinbein vornen vnd hinden darmitt/ so wirst du groß wunder erfaren.

V.

¶ Karpffen vnd Barben auch Ael zů fahen mit dem angel.

Item nimm käß/vñ der würmlin die am wasser wonend/vñ tragend jre heüßlin auff jnen selbs. Du findest die genanten würmlin in dem holtz:darnach nim̄ das gälw von dreyen eyeren. Die stuck alle stoß vnder einanderen als ein teig/darnach nimm gampfer als groß als ein bon/der bereit ist als du kanst/vnd thů den vnder die vorgenannten stuck alle. Vnd wañ du anglen wilt/so stoß als groß als ein Erbiß an den angel in einem reinen tůchlin/ꝛc.

VI.

¶ Wie man Forhen vnd Eschen mercklich fahen sölle.

Item nimm ein schwartz hůn/vnd drey eyerdotter/Saffran als ein erbeiß:darnach

stoße zu Pulver, und mische die anderen Stücke alle untereinander, und mach eine Salbe daraus. Du kannst auch dazu nehmen ein Lot Baumöl. Und wenn du fischen willst, so salbe die Hände und Schienbeine vorne und hinten damit, so wirst du große Wunder erfahren.

V.
Karpfen und Barben sowie Aale zu fangen mit der Angel.

Ferner nimm Käse, und die Würmlein die im Wasser wohnen, und tragen ihre Häuschen auf sich selbst. Du findest die genannten Würmlein auf Holz: danach nimm das Gelbe von drei Eiern. Die Stücke zerstoße alle untereinander wie einen Teig, danach nimm Kampfer so groß wie eine Bohne, der bereit ist wenn du kannst, und gib den unter die vorgenannten Stücke. Und wenn du angeln willst, so gib so groß wie eine Erbse an die Angel in einem sauberen Tüchlein.

VI.
Wie man Forellen und Äschen gut fangen kann.

Ferner nimm ein Schwarzes Huhn, und drei Eidotter, Safran wie eine Erbse: danach

nimm vnnd mach ein loch in das hůn/vnd stoß die genannt materi alle dareyn / vnnd näye das loch widerumb zů: darnach stoß das hůn in ein Roſſzmiſt drey oder vier tag/ vnd so vil wochen/biß dz das hůn faul wirt/ so findest du gälwe würmlin darinn/ derselbigen steck alle mal eins an den angel wann du vischen wilt. Die anderen behalt in einem verschloßnẽ büchßlin/so wirst du wunder erfaren.

VII.

Wie man sol die würmlin läbendig behalten ein gantz jar.

Item nim̃ honig vñ essich / thů das in ein pfännlin vñ setz es über das fheür/vñ sied es biß das verschaumbt: darnach nim̃ es härab/vnnd thů die würmlin dareyn/vnnd thů darzů Gampfer als groß als ein bon. Der Gampfer sol bereit seyn.

VIII.

Ein ander kerder zů allen vischen in der gemein.

Item nimm ein jung schwartz hůn /das nie gelegt habe/vnd töd das/ daß es nicht blůtte/ vnnd seüd das hůn fast wol/ vnnd

thů

nimm und mach ein Loch in das Huhn, und gib das genannte Material alles darein, und nähe das Loch wieder zu: danach lege das Huhn in Rossmist drei oder vier Tage, und so viel Wochen, bis das Huhn faul wird, dann findest du gelbe Würmlein darin, derselben stecke immer mal eines an die Angel wenn du fischen willst. Die anderen behalte in einem verschlossenen Büchslein (Dose), so wirst du Wunder erfahren.

VII.
Wie man die Würmlein lebendig behalten kann ein ganzes Jahr.

Ferner nimm Honig und Essig, gib das in ein Pfännchen und setze es über das Feuer, und siede es bis es schäumt: danach nimm es herunter, und gib die Würmlein darein, und gib dazu Kampfer so groß wie eine Bohne. Der Kampfer soll reif sein.

VIII.
Ein anderer Köder für die Fische im Allgemeinen.

Ferner nimm ein junges schwarzes Huhn, das noch nicht gelegt hat, und töte es, so dass es nicht blutet, und siede das Huhn gut durch,

thů zween rot schnegken auch in den hafen. Vnnd wann das hůn verseüdt / so thů die bein alle daruon/ vnnd thů die materi in ein neüwen hafen/ vñ vermach in fast wol/ vnd stell dẽ hafen sibẽ oder acht tag an die Sonnen: darnach thů den hafen auf vnd stell jn an den lufft ein halbe stund/ darnach nimm ein gůtte handtfoll gersten/ die wol gesotten vnd verschaumbt sye/ vnnd thů die auch in den hafen / so verzeert sich die gersten vnnd wirdt ein teig darauß: von disem teig steck allwågenn ein wenig an den angel. Du magst es auch an die hånd streychen wann du vischen wilt.

IX

¶ Ein ander bewårter kerder vil visch zů fahen mit dem angel.

Item nim̃ Bibergeyl oder sein nieren/ vñ menschenblůt/ gerstenmål/ vnd mach kügelin darauß/ vñ nim̃ der kügelin eins vñ steck das an den angel/ oder bind das in ein reüssen/ als du kanst/ ꝛc.

X.

¶ Ein ander bewårter kerder visch zů fahen mit dem angel.

und gib zwei rote Schnecken auch in den Hefen (Topf). Und wenn das Huhn zerfällt, so gib die Knochen alle heraus, und gib das Material in einen neuen Topf, und verschließe ihn gut und stell den Topf sieben oder acht Tage an die Sonne. Danach mach den Topf auf und stell ihn eine halbe Stunde an die Luft, danach nimm eine gute Handvoll Gerste, die wohl gekocht und abgeschäumt wurde, und gib die auch in den Topf, so zersetzt sich die Gerste und es wird ein Teig daraus: von diesem Teig stecke immer ein wenig an die Angel. Du kannst es auch an die Hände streichen wenn du fischen willst.

IX.
Ein anderer bewährter Köder um viele Fische zu fangen mit der Angel.

Ferner nimm Bibergeil (Fettdrüsen) oder seine Nieren, Menschenblut und Gerstenmehl, und mach Kügelchen daraus, und nimm eines der Kügelchen und stecke das an die Angel, oder binde das in eine Reuse, wie du willst.

X.
Ein anderer bewährter Köder um Fische zu fangen mit der Angel.

Item nimm für zwen pfennig Honig/ vnd ein nußschalen voll Meeröl/vnd zerlaß das vnder ein anderen/vnnd thů es dann in ein büchßlin: vñ wañ du vischen wilt/ so leg den kerder in die salben/darnach nim̃ jn här auß vnd stoß den kerder an den angel/ so beissend die visch vast gern daran/ꝛc.

XI.

Ein ander kerder visch zů fahen in allen reüßen.

Item nim̃ Bärenschmaltz/honig/rinderen kůkaat in dem Meyen/ vnd zerlaß es vnder einanderẽ: darnach nim̃ ein handfoll kernẽ/vñ misch die genantẽ stuck alle vnder einanderen/vnd mach kügelin darauß/ laß die dürr werden/ vnd henck eins in die reüßen/ als du kanst/so fachest du vil visch.

XII.

Wie man vögel vnd Enten fahen sölle/ kein geschlecht der vögel außgenommen.

Item nim̃ Tormentill vnd seüd die in gůtem weyn/ darnach seüd das korn oder die gersten auch dariñ/vnd wirff das essen auff den herdt der zů den vöglen bereit ist/so fressend

Ferner nimm für zwei Pfennige Honig, und eine Nussschale voll Meeröl, und zerlasse das untereinander, und gib es dann in ein Büchslein: und wenn du fischen willst, so leg den Köder in die Salbe, danach nimm in heraus und steck den Köder an die Angel, so beißen die Fische meist gerne daran.

XI.
Ein anderer Köder um Fische zu fangen in allen Reusen.

Ferner nimm Bärenschmalz, Honig, Rinderkot im Mai, und zerlasse es untereinander: danach nimm eine Handvoll Körner, und mische die genannten Dinge alle untereinander, und mach Kügelchen daraus, lass die trocken werden, und hänge eins in die Reuse, wie du willst, so fängst du viel Fische.

XII.
Wie man Vögel und Enten fangen kann, keine Vogelart ausgenommen.

Ferner nimm Tormentill und siede den in gutem Wein, danach siede das Korn oder die Gerste auch darin, und wirf das Essen auf die Erde, wo die Vögel bereit sind,

send sy dz korn mit sampt der genantẽ wurtzeln / vnd werdend dauon trunckẽ vñ gantz taub/daß sy nit mer fliegẽ mögend/vnd fallend dañ darnider auff die erden / so magst du sy mit den händen fahen/vñ sy aufheben on alle arbeit. Vnd ist am aller besten wañ kalte winter sind / vnnd wann grosse schnee ligend.

XIII.

¶ Ein ander Recept / wie man vögel vnnd Enten sölle fahen mit den händẽ.

Item nim̃ gersten vnnd säye die auff den herdt da die vögel jr wonung habẽd / daß sy dauon essind. Item nim̃ gersten mäl vnnd ochsengallẽ/vnd bilsensaamẽ/vñ mach darauß ein müßlin/vñ thů das müßlin auff ein brättlin/so essendts die vögel auf : vnd nach dem essen so werdend die vögel so schwär/dz sy nim̃er mögẽd fliegẽ / darnach so facht mã sy mit den händen/ꝛc.

XIIII.

¶ Ein ander Recept / wie man vögel vnnd Enten fahen sölle/auff ein anderen sinn.

Item nim̃ gersten vnd muckenschwam̃/

so fressen sie das Korn mit samt der genannten Wurzel, und werden davon betrunken und ganz taub, dass sie nicht mehr fliegen können, und fallen dann herunter auf die Erde, so kannst du sie mit den Händen fangen, und sie ohne Arbeit aufheben. Und es ist am allerbesten wenn kalte Winter sind, und wenn viel Schnee liegt.

XIII.
Ein anderes Rezept, wie man Vögel und Enten fangen kann mit den Händen.

Ferner nimm Gerste und sähe die auf die Erde dort wo die Vögel Ihre Wohnung haben, dass sie davon essen. Ferner nimm Gerstenmehl und Ochsengalle, und Bilsensamen, und mach daraus ein Mus (Brei), und gib das Mus auf ein Brettlein, so essen es die Vögel auf: und nachdem Essen werden die Vögel so schwer, das sie nichtmehr fliegen können, danach fängt man sie mit den Händen.

XIV.
Ein anderes Rezept, wie man Vögel und Enten fangen kann, auf eine andere Weise.

vnd bilsen saamē/vñ seud es alles vnder ein-anderē vnd mach ein müßlin darauß/vnnd thů das müßlin auff ein brättlin/stell es auff die erdē/da die vögel jr wonung habend. So essend sy das aaß/vnd so fachst du die vögel mit den händen.

XV.

Ein ander Recept/ wie man visch vnnd kräbs fahen sölle im Meyen vnnd im Brachmonat/vnd auch im Summer.

Item nim̃ ein bocksläber/ vnd braat die vast wol/vñ nach dem braatē so bestreych sy mit dem bereitē gampfer: darnach nim̃ ein netzlin vō einem kalb oder schaaff das frisch ist/vñ schlach das netz vm̃ die läber: darnach so bind die läber auff ein brättlin/ wie du es kanst/ꝛc. vnd so fachest du visch vnd kräbs on alle zal.

XVI.

Deß durchleüchtigesten fürsten vñ herrē Hertzog Friderichs Vischerey/ mit vil bewärten Recepten vnd puncten.

Item

Ferner nimm Gersten und Mückenlarven, und Bilsensamen, und siede es alles miteinander und mach ein Mus daraus, und gib das Mus auf ein Brettchen, stell es auf die Erde, wo die Vögel ihre Wohnung haben. So essen sie das Aas, und so fängst du die Vögel mit den Händen.

XV.
Ein anderes Rezept, wie man Fische und Krebse fangen kann im Mai und im Juni, und auch im Sommer.

Ferner nimm eine Bockleber, und brate die gut durch, und nach dem braten bestreiche sie mit reifen Kampfer: Danach nimm ein Netz (Bauchfell) von einem Kalb oder Schaf das frisch ist, und schlag das Netz um die Leber: danach binde die Leber auf ein Brettlein, wie du es willst, so fängst du Fische und Krebse ohne Zahl.

XVI.
Des durchlauchtigsten Fürsten und Herren Herzog Friedrichs Fischerei, mit vielbewährten Rezepten und Punkten.

Item nimm Reygerschmaltz ein löffel voll/ vnd seüd das vast wol in einem pfänlin/ daß es bränntzelet wirdt/ vnnd thů ein löffel voll Honigs darzů/ vnd seüd es noch einest/ biß das es zäch wirdt: darnach thů es in ein mörser/ vnd misch es vnder einanderen/ vnd thů sy in ein büchßlin/ so ist die salb gerecht. Vnnd damit salb deine händ vnd füß vornen vnd hinden/ das sind deine schynbein/ die solt du bestreychen/ vnnd die händ oder arm/ so wirst du wunder erfaren.

XVII.

¶ Ein ander Recept/ Barben zů fahen in trůben wasseren/ oder auch sunst/ etc.

Item nimm Aeglen vnd thů sy inn ein hafen vnnd Hönig darzů/ so vil daß [illegible] gnůg ist. So essend sy den Honig vñ darvon sterbend sy dann. Darnach so nimm dann die todtnen Aeglen vnd mach sy dürz/ vnd behalt sy. Vnd wañ du sy brauchē wilt/ so schneyd sy mitten von einanderen/ vnd leg sy über nacht inn ein lawes wasser/ so werdend sy widerumb weych/ vnd darnach

Ferner nimm einen Löffel voll Reiherschmalz, und siede das gut in einem Pfännchen, dass es braun wird und gib einen Löffel voll Honig dazu, und koche es noch ein, bis es zäh wird: danach gib es in einen Mörser, und misch es untereinander, und gib es in ein Büchslein, so ist die Salbe recht. Und damit salbe deine Hände und Füße vorne und hinten, es sind deine Schienbeine, die du bestreichen sollst, und die Hände oder Arme, so wirst du Wunder erfahren.

XVII.

Ein anderes Rezept, Barben zu fangen in trüben Gewässern, oder auch sonst wo.

Ferner nimm Egel und gib sie in einen Topf und Honig dazu, soviel das sie genug haben. So essen sie den Honig, und davon sterben sie dann. Danach nimm die toten Egel und trockne sie, und bewahre sie auf. Und wenn du sie gebrauchen willst, so schneide sie in der Mitte auseinander, und leg sie über Nacht in ein lauwarmes Wasser, so werden sie wiederum weich, und danach

steck sy an den angel so du vischen wilt / sommer vnd winter. Also thů auch den schossz-würmen.

XVIII.

¶ Ein ander Recept alle monat visch zů fahen: vnd hatt ein yetlicher monat sein eigen Recept vñ kerder durch das gantz jar.

Item im Aprellen vnd in dem Meyen / so sind die väldheymlin fast gůt / vñ im Brachmonat die roten käferlin.

Item in dem Höuwmonat / so sind fast gůt die höuwschrecken / vñ darnach die väldheymlin. In diser zeyt sind auch gůt gesottẽ kräbs / das in den schären ist vnnd auch im schwantz / alles an den angel gestossen / ꝛc.

Item im Herbst so sind gůt die Rosszkäfer / brich jn die flügel ab vnnd die füß / vnnd steck sy an den angel.

XIX.

¶ Ein anderer bewärter kerder: vnd mach darauß welgerlin / als du hören wirst.

Item nim̃ Kichern / faulen schaaffkäß / vnd schön grießmäl / vnd honig: vnd zerlaß

steck sie an die Angel wenn du fischen willst, im Sommer und Winter. Dann tue auch den Schoß wärmen.

XVIII.

Ein anderes Rezept alle Monate Fische zu fangen: hat ein jeder Monat sein eigen Rezept und Köder durch das ganze Jahr.

Ferner im April und im Mai, so sind die Feldheimchen ganz gut, und im Juni die roten Käferlein.

Ferner im Juli, so sind ganz gut die Heuschrecken, und danach die Feldheimchen. In dieser Zeit sind auch gut gesottene Krebse, das was in den Scheren ist und auch im Schwanz, alles an die Angel gesteckt.

Ferner im Herbst so sind gut die Rosskäfer, brich ihnen die Flügel ab und die Füße, und steck sie an die Angel.

XIX.

Ein anderer bewährter Köder: und mach daraus Welgerlein, wie du hören wirst.

Ferner nimm Kichererbsen, faulen Schafkäse, und schön Grießmehl, und Honig:

es durch einanderen/ vnnd mach welgerlin darauß/vnd zeüch die durch Coröl/ vnd stoß sy an/ꝛc.

XX.

¶ Ein anderen kerder zů machen / auß dem mach auch welgerlin/vnd steck sy an den angel.

Item nim̃ ölkůchen ein vierling/ vnd leg jn in ein wasser da die visch iñ wonend/vnd beisse sy damit ein tag oder vier: darnach so nim̃ deß ölkůchen mål vnd weichen rindern kåß/vñ knitt es durch einanderen wol / vnd mach welgerlin darauß/vnd steck sy an den angel.

XXI.

¶ Ein ander bewårt Recept visch zů fahen auß einem wog oder gumppen/da mã sunst nit iñ gefischen kan/ꝛc.

Item so nim̃ queckſilber ij.lot/vñ ein vierling Salpeter der geleüteret ist/vnd ein halben vierling schwåbel der klein gestossen ist/ vnd auch vngelöschten kalch/ daß der haffe halber voll werde/vnnd vermach den hafen vast wol/daß kein wasser dareyn gehe:vnnd darnach so wirff den hafen in den wog oder

und vermische alles miteinander, und danach mache Nocken daraus, und ziehe die durch Lorbeeröl, und hänge sie an.

XX.
Einen anderen Köder zu machen, aus dem mache auch Welgerlein, und stecke sie an die Angel.

Ferner nimm Ölkuchen ein Viertel, und leg ihn in ein Wasser wo die Fische darin wohnen, so beißen sie daran einen Tag oder vier: danach nimm des Ölkuchen Mehls und weichen berindeten Käse, und knete es gut durcheinander, und mach Nocken daraus, und steck sie an die Angel.

XI.
Ein anderes bewährtes Rezept Fische zu fangen aus einem Wog oder Gumpen, wo man sonst nicht darin fischen kann.

Ferner so nimm Quecksilber zwei Lot, und ein Viertel Salpeter der geläutert ist, und ein halbes Viertel Schwefel der klein gestoßen ist, und auch ungelöschten Kalk, das der Topf halb voll werde, und verschließe den Topf sehr gut, dass kein Wasser hinein gelangt: und danach wirf den Topf in den Wog oder Gumpen,

gumppen / so schwümmend die visch all mit einanderen übersich zů berge/vnd so magst du sy fahenn mitt den händen in dem wasser/etc.

XXII.

¶ Ein ander Recept / wie man visch fahen sölle auß einem tieffen See/oder auch sunst in anderē tieffen fliessenden wasseren/mit den händen.

Item so grab im Brachmonat Ochsenzungen/vnd stoß das kraut vnd die wurtzel/ vñ nim̃ deß pulvers ein wenig / vñ auch ein wenig Neptē safft darunder. Bestreych die händ vñ stoß sy in das wasser da die visch in sind/so kommend sy dir zů der hand. Oder nim̃ das genañt kraut vñ vngelöschtē kalch: dise stuck thů auch dareyn / so sterbend die visch all/die da wonend.

XXIII.

¶ Ein ander Recept / wie man im Winter machen sölle / daß alle visch zů der hand kommen müssend.

Item so nimm im Meyen deß ersten honigs

so schwimmen die Fische alle miteinander über sich nach Oben, und so kannst du sie im Wasser mit den Händen fangen.

XXII.

Ein anderes Rezept, wie man Fische fangen kann aus einem tiefen See, oder auch sonst in anderen tiefen fließenden Gewässern, mit den Händen.

Ferner so vergrab im Juni Ochsenzungen (Pflanze), und zerstoße das Kraut und die Wurzel, und nimm von dem Pulver ein wenig, und auch ein wenig Katzenminze gib darunter. Bestreich die Hände und tauche sie in das Wasser wo die Fische darin sind, so kommen sie zu deiner Hand. Oder nimm das genannte Kraut und ungelöschten Kalk: diese Stücke gib darein, so sterben die Fische alle, die dort leben.

XXIII.

Ein anderes Rezept, was man im Winter machen kann, dass alle Fische zur Hand kommen müssen.

Ferner so nimm im Mai die ersten Honigwaben,

nigs schwarmen als vil du haben wilt/ vnd nimm der roten Schnägken auß den heüßlinen auch als vil du jr bedarffst/ vnnd thů sy in ein saubere schüssel/ vnd nimm darzů Salarmoniack/ oder sal commune/ das thů dareyn/ so zergehnd die schnägken: vnd thů darzů der nachtscheynenden würmlin ein halb pfund. Vnd wañ du ein salb machen wilt/ so nimm schwarmē honigs zwey mal als vil als der schnägkē sind/ vñ nimm auch ein halb pfund würm/ vnnd mach ein salb in ein büchßlin. Vnd wann du vischē wilt/ so streych sy an die händ/ so wirst du wunder erfaren.

XXIIII.

¶ Ein ander recept/ wie man vil visch fahen sölle in allen reüssen/ rc.

Item nim hanff saamē/ vnd schneyd die knöpflin ab/ so er noch in der milch ist/ vnd derre den/ vnnd stoß jn klein vnnd behalt jn in einem glaß/ vnd vermach das glaß mitt wachß vnd hartz/ daß er nitt verrieche: vnd nimm ein halb pfund alten rogē von einem dürren Schleyen/ vnd stoß den klein/ vnnd

soviel du haben willst, und nimm der roten Schnecken aus den Häuschen auch so viel du ihrer bedarfst, und gib sie in eine saubere Schüssel, und nimm dazu Ammoniumsalz, oder gewöhnliches Salz, das gib darein, so zergehen die Schnecken: und gib dazu der Glühwürmchen ein halbes Pfund. Und wenn du eine Salbe machen willst, so nimm der Honigwaben zweimal so viel wie Schecken sind, und nimm auch ein halbes Pfund Würmer, und mache eine Salbe in ein Büchslein (Dose). Und wenn du fischen willst, so streich sie an die Hände, so wirst du Wunder erfahren.

XXIV.
Ein anderes Rezept, wie man viele Fische fangen kann in allen Reusen.

Ferner nimm Hanfsamen, und schneide die Köpfchen ab, solange er noch im Saft ist, und trockne den, und stoß ihn klein und behalte ihn in einem Glas, und verschließe das Glas mit Wachs und Harz, dass er nicht ausraucht: und nimm ein halbes Pfund alten Rogen von einer getrockneten Schleie, und stoße den klein,

nim̃ ein pfund rows specks vñ stoß den dar zů/vñ nimm dann deß hanffs puluer vnnd meng es auch darũder/ daß es dick werd als ein teig/vnd thů das in ein tůchlin/vñ henck es in ein reüßen/so kommend vil visch dareyn: vnd ist ein bewärt stuck.

XXV.

¶ Ein ander Recept/ wie man ein aaß machen sölle/darmit man vil visch fahen thůt.

Item nim̃ ein hennen vnd sied die wol/ thů ein löffel voll honigs darzů/vnd sied die hennen mit dem honig gar wol/ vnd thů sy dañ in ein hafen/ vnd thů aber mer honigs darzů ein löffel vol: darnach laß es am lufft stehn ongedeckt/biß es voll maden wirdt/⁊c.

XXVI.

¶ Ein ander Recept/ wie man vil Ael inn den reüßen fahen sölle/⁊c.

Item nim̃ alt firnen schmär/vnd thů dz in ein pfännlin/vnd rür es mit wilder bachmüntzen kraut/vñ thů es iñ ein leynin tůchlin/ hencks iñ ein vischreüßen/ vnnd leg sy iñ ein wasser/als du kanst: so fachest du vil Ael vnd visch/⁊c.

Ein

und nimm ein Pfund rohen Speck und stoße den dazu, und nimm dann des Hanfes Pulver und vermische es auch darunter, dass es dick wird wie ein Teig, und gib das in ein Tüchlein, und hänge es in eine Reuse, so kommen viel Fische darein: und es ist ein bewährtes Stück.

XXV.
Ein anderes Rezept, wie man Aas machen kann, damit man viele Fische fängt.

Ferner nimm eine Henne und siede die gut, gib einen Löffel voll Honig dazu, und siede die Henne mit dem Honig gut durch, und gib sie dann in einen Topf, und gib abermals einen Löffel voll Honig dazu, danach lass es unbedeckt in der Luft stehen, bis es voll Maden wird.

XXVI.
Ein anderes Rezept, wie man viele Aale in den Reusen fangen kann.

Ferner nimm alten Firnen-Schmär, und gib dies in ein Pfännchen, und verrühre es mit wilden Bachminzenkraut, und gib es in ein leinenes Tüchlein, hänge es in eine Fischreuse, und leg sie in ein Gewässer, wie du willst: so fängst du viele Aale und Fische.

XXVII.

¶ Ein ander Recept/wie man allwägen visch vnd Ael fahen sölle/gar obenteürlichen/rc.

Item nim̄ ein kleins gläßlin/vn̄ thů daryn drey oder vier pfenwert queck silber / vnd thů faul nachtscheynendt holtz darzů/vn̄ vermach das gläßlin fast wol zů mit wachs vn̄ hartz/vnnd henck das gläßlin in die reüßen/als du es kanst/rc. so wirst du vil visch vnnd Ael fahen.

XXVIII.

¶ Ein ander Recept/Wie man vil visch fahen sölle mit dem angel/rc.

Item nim̄ das blůt von einem menschen ein eß schüssel voll/vnd ein lot Saffran/vn̄ gebeütlet gerstē mål vnd weiß gehåflet brot/nimm auch geissin vnschlit das zerlaß/vnd laß es kalt werden/vnd mischs vnder einander/daruon nimm ein stücklin als ein nuß/vnd binds an den angel/als du kanst/ oder hencks in ein reüßen/als du weist.

XXIX.

¶ Ein ander recept/ als der groß Doctor vnnd natürlich meister Albertus Magnus

E

XXVII.
Ein anderes Rezept, wie man stets Fische und Aale fangen kann, gar abenteuerlich.

Ferner nimm ein kleines Gläschen, und gib darein für drei oder vier pfennigwert Quecksilber, und gib morsches nacht-leuchtendes Holz dazu, und verschließe das Gläschen gut mit Wachs und Harz, und hänge das Gläschen in die Reusen, wie du es willst, so wirst du viel Fische und Aale fangen.

XXVIII.
Ein anderes Rezept, wie man viele Fische fangen kann mit der Angel.

Ferner nimm das Blut von einem Menschen, eine Essschüssel voll, und ein Lot Safran, und gesiebtes Gerstenmehl und weißes geröstetes Brot, nimm auch Geißentalg das zerlasse, und lass es kalt werden und mische es untereinander, davon nimm ein Stücklein wie eine Nuss, und binde es an die Angel, wie du willst, oder hänge es in eine Reuse, wie du weißt.

XXIX.
Ein anderes Rezept, wie der große Doktor und Naturwissenschaftler Albertus Magnus

in seinem heimlichen bůch schreybt/wie man vil visch fahen sölle.

Item nimm von rosen ein wenig/vnnd von senff auch ein wenig/vnd ein fůß von einem Wisselin: das alles gelegt in ein netz oder in ein visch hammen / so bist du gewüß vil visch zů fahen/vnd ist bewärt/rc.

XXX.

¶ Ein ander Recept zů machen. Der selbig Albertus leert auch/wie man visch fahen sölle mit den händen.

Item nim̃ Springwurtz die bläter vnd die frucht/die zwey wirff in einẽ weyer oder see darinn vil visch sind. Welcher visch deß krauts oder der wurtzel isset/ der wirt daruõ also voll/daß er das weiß übersich keert/ geleych als ob er todt wäre / aber er stirbt nitt/ sunder er erholet sich widerumb vnd schadet jm nichts. Darnach so nim̃ sy vñ wirffs in ein frisch wasser/so kommend sy wider zů jnen selbs: so fachest du sy mit den händen/rc.

Hie

in seinem geheimen Buch schreibt,
wie man viele Fische fangen kann.

Ferner nimm von Rosen ein wenig, und von Senf auch ein wenig, und einen Fuß von einem Wiesel: das alles legt man in ein Netz oder in einen Fischhamen, so bist du gewiss viel Fische zu fangen, und es ist bewährt.

XXX.

Ein anderes Rezept zu machen.
Derselbe Albertus leert auch, wie man
Fische fangen kann mit den Händen.

Ferner nimm von der Springwurz die Blätter und die Frucht, die zwei wirf in einen Weiher oder See worin viel Fische sind. Welcher Fisch vom Kraut oder der Wurzel frisst, der wird davon so voll, dass er das Weiß (Bauch) über sich kehrt, gleich als ob er tot wäre, aber er stirbt nicht, sondern er erholt sich wieder und es schadet ihm nicht. Danach nimm sie und wirft sie in ein frisches Wasser, so kommen sie wieder zu ihnen selbst: so fängst du sie mit den Händen.

Hie nach merck in was zeyt im jar vnd monat ein yetlicher visch am besten sye.

¶ Item der Salm ist im Aprellen vnd im Meien vnd ein weyl darnach am besten/ vnd bleybt doch ein Salm biß nach S. Jacobs tag/ als dañ wirt er ein Lachs biß auff S. Andreas tag. Vnd ist der am bestē zwüschen S. Michels vnd S. Martins tag.

Itē der Selmling/ Schnotfisch/ Vorhellen vnd der Rufolck ist im Aprillen vnd im Meyen am besten/ vnnd der Selmling klein vnd groß allzeyt sunst gůt.

Item ein Hecht ist im Höuwmonat am besten/ aber ein alter hecht ist allwägen gůt/ on wann er den rogen laßt. Ein gemischter hecht oder karpff ist allzeyt besser/ dann ein gerogeter. Also ist es auch vnder anderen vischen.

Item ein feißter Karpff ist allzeyt gůt/ außgenommen in dem Meyen vnd Brachmonet/ so er geleycht hatt.

Item ein Schleyhe die ist am besten im

Hiernach vermerkt in welcher Zeit
im Jahr und Monat ein jeder Fisch
am besten ist.

Ferner der Salm ist im April und im Mai und eine Weile danach am besten, und bleibt doch ein Salm bis zum St. Jakobstag (25. Juli), dann wird er ein Lachs bis zum St. Andreastag (30. November). Und er ist am besten zwischen St. Michael (29. September) und St. Martin (11. November).
Ferner der Selmling und Schnotfisch (Hasel), die Forellen und der Rufolck (Trüsche) sind im April und im Mai am besten, und der Selmling (Junglachs) klein und groß allzeit auch sonst gut.
Ferner ein Hecht ist im Juli am besten, aber ein alter Hecht ist immer gut, wenn er gelaicht hat. Ein männlicher Hecht oder Karpf ist immer besser, als ein weiblicher. So ist es auch unter den anderen Fischen.
Ferner ein fetter Karpf ist immer gut, ausgenommen im Mai und Juni, wenn er gelaicht hat.
Ferner eine Schleie die ist am besten im Juni.

Brachmonat.

Item der Bersich ist allzeyt gůt / on im Mertzen vnd Aprellen/so er geleicht hatt.

Item Bressmen vnd Nasen sind gůt im Hornung vnd im Mertzen/vnd so die Wilgen trieffend am besten.

Item Milling die sind gůt im Mertzen vnd Aprellen.

Itē ein Kopt oder ein Gropp ist an vnser Frouwen tag der Liechtmeß vñ ein weyl dar nach biß in den Aprellen am besten.

Item die Rottel ist gůt im Hornung vñ Mertzen/vnd nimpt wider ab im Meyen.

Item der Fürn auch also/aber durch dē winter sind sy zimmlich gůt.

Item die Grundelen sind gůtt im Hornung vnd im Mertzen vnd Aprellen/ biß in Meyen. Aber die jungen grundlen sind allzeyt gůt mit Peterlin.

Item ein Bliegtlen ist gůt/vnnd am besten im Herbst.

Item die Kressen sind am besten im Mertzen vnd im Aprellen/ vnnd nemmend ab in dem Meyen.

Item die Stichling sind im Mertzen vñ

im

Ferner der Bersich (Barsch) ist immer gut, außer im März und April, wenn er gelaicht hat.
Ferner Brachsen und Nasen sind gut im Februar und März, und wenn die Wilgen triefen am besten.
Ferner Milling (Elritzen) die sind gut im März und April.
Ferner ein Kopp oder Gropp ist an unserem Frauentag der Lichtmess (2. Februar) und eine Weile danach bis in den April am besten.
Ferner die Rottel (Rotfeder) ist gut im Februar und März, und nimmt wieder ab im Mai.
Ferner der Fürn (Plötze) auch so, aber durch den Winter sind sie ziemlich gut.
Ferner die Grundeln (Schmerlen) sind gut im Februar, im März und April, bis in den Mai. Aber die jungen Grundeln sind immer gut mit Petersilie.
Ferner ein Blieckte (Blicke) ist gut, und am besten im Herbst.
Ferner die Kressen (Gründlinge) sind am besten im März und April, und nehmen ab im Mai.
Ferner die Stichlinge sind im März und

im anfang deß Meyens am besten / so sind sy voll/so sol man sy mit eyeren beschlagen.

Item die Ael sind gůt in dem Meyen/ biß nach vnser lieben Frauwē tag der ärnd/ oder nach dem Brachmonat.

Item ein Neünaug ist am bestē im Hornung vnd im Mertzen.

Item ein Lempfrid ist nim̄er besser dañ im Meyen.

Item ein Berlin ist deß Lempfrids brůder / vnd ist gůtt von dem zwölfften tag biß auff vnser lieben Frauwen tag der verkündung in der Fasten.

Item ein Steinbeiß ist gůt im Aprillen vnd im Meyen.

Item die Loucken sind auch gůt als yetz gesagt ist.

Item ein Barbe fahet an gůt zů seyn in dem Meyen/vnd wärt biß in den Höuwmonat. Aber der rogen ist nimmer gůt.

Itē die kräbs sind im Mertzē vn̄ im Aprellen am bestē/vn̄ besond' wañ der Mō wechßt so sind sy gůt/vn̄ so er abnim̄t so werdend sy kräncker. Itē ein Esch facht an im Höuwmonat gůt syn/vn̄ ist im herbst am aller bestē.

Anfang Mai am besten, so sind sie voll, so soll man sie mit Eiern beschlagen.
Ferner die Aale sind gut im Mai, bis nach unserem Liebfrauentag der Ernte (15. August), oder nach dem Juni.
Ferner ein Neunauge (Bachneunauge) ist am besten im Februar und im März.
Ferner ein Lempfrid (Flussneunauge) ist niemals besser als im Mai.
Ferner ein Berlin (Meerneunauge) ist des Lempfrids Bruder, und ist gut vom zwölften Tag bis zu unserem Liebfrauentag der Verkündung (25. März) in der Fastenzeit.
Ferner ein Steinbeißer ist gut im April und im Mai.
Ferner die Loucken (Lauben) sind auch gut wie jetzt gesagt wurde.
Ferner eine Barbe fängt an gut zu sein im Mai, und währt bis in den Juli. Aber der Rogen ist nicht gut.
Ferner die Krebse sind im März und im April am besten, besonders wenn der Mond zunimmt sind sie gut, und wenn er abnimmt so werden sie kränker.
Ferner ein Asch fangt an im Juli gut zu sein, und ist im Herbst am allerbesten.

Diß ist ein Schimpffliche gleychnuß der vischen.

¶ Item ein Stichling ist ein künig. Item ein Salm ein herr. Item ein Karpff ein schelm. Item ein Hecht ein rauber. Item ein Barbe ein schneyder. Item ein Äl ein gauckler. Item ein Naß ein schreyber. Itẽ ein Furn ein katz. Itẽ ein Schnotfisch ein basthart. Item ein Bersich ein ritter. Itẽ ein Kutt ein goldschmid. Item ein Neünaug ein kind. Item ein Grundel ein jungk frauw. Item ein Kopt ein roßnagel. Itẽ ein Mülling ein krämer. Item ein Blieckt des krämers knecht. Item ein Lempfrid ist ein pfeyffer. Item ein Esch ein reingraff. Item ein Kreß ein todtengräber. Item ein Steinbeiß ein wächter. Item ein Rufolck ein dieb. Item ein Louck ein wäscher.

Getruckt zů Zürych.

Dies ist eine sprichwörtliche Gleichung
der Fische.

Ferner ein Stichling ist ein König. Ferner ein Salm ein Herr. Ferner ein Karpf ein Schelm. Ferner ein Hecht ein Rauber. Ferner eine Barbe ein Schneider. Ferner ein Aal ein Gaukler. Ferner eine Nase ein Schreiber. Ferner ein Furn ein Katz. Ferner ein Schnotfisch ein Bastard. Ferner ein Bersich ein Ritter. Ferner ein Kutt ein Goldschmied. Ferner ein Neunauge ein Kind. Ferner eine Grundel eine Jungfrau. Ferner ein Kopp ein Hufnagel. Ferner ein Milling ein Krämer. Ferner ein Blick des Krämers Knecht. Ferner ein Lempfrid ist ein Pfeiffer. Ferner ein Asch ein Rheingraf. Ferner ein Kress ein Totengräber. Ferner ein Steinbeißer ein Wächter. Ferner ein Rufolck ein Dieb. Ferner ein Louck ein Wäscher.

Gedruckt in Zürich

Bodensee

Der Bodensee liegt im nördlichen Alpenvorland, im Dreiländereck auf dem Gebiet von Deutschland (Baden-Württemberg und Bayern), der Schweiz (Thurgau, St. Gallen und Schaffhausen), und Österreich (Vorarlberg) 47° 40' 0" N - 9° 20‘ 0“ O. Der See liegt etwa 395 m über dem Meeresspiegel und hat eine Fläche von rund 535 km^2. Er ist bis zu 63 km lang, 14 km breit und 254 m tief. Die Mittlere Tiefe beträgt 90 m, das Volumen rund 48 km^3 und die theoretische Aufenthaltszeit des Wassers etwa 4,3 Jahre. Die Uferlänge beträgt 273 km und das Einzugsgebiet hat eine Fläche von 11.487 km^2. Er erstreckt sich von Südosten nach Nordwesten. Der Hauptteil des Sees wird Obersee genannt. An seinem nordwestlichen Ende wird er durch eine Halbinsel (Bodanrück) in zwei Arme geteilt. Der nördliche Arm wird als Überlinger See, der südliche als Untersee bezeichnet. Durch den Ober- und Untersee verläuft der Rhein, der von Süden her zwischen Bregenz und Rorschach als Alpenrhein in den Obersee eintritt, als Seerhein den Obersee mit dem Untersee verbindet, und aus dem Untersee bei Stein am Rhein als Hochrhein nach Westen haustritt.

Zahlreiche Zuflüsse münden in den See, die bedeutendsten sind neben dem (neuen und alten) Rhein, die Bregenzer Ach, Argen und Schussen, sowie Dornbirner Ach, Laiblach, Rotach, Seefelder- und Stockacher Aach. Zur Zeit der Schneeschmelze sind durch Hochwasser, Anstiege des Wasserspiegels um bis zu 3 Meter zu verzeichnen.
Im Bodensee und dessen Zuflüsse leben heute rund 40 Fischarten, wovon 29 heimische (autochthone) und 11 fremde (allochthone) Arten sind. Die Fischerei im See wird von zahlreichen (etwa 153) Berufs- und (rund 13.000) Sportfischern ausgeübt.
Das Hoheitsgebiet der Anrainerstaaten endet allerdings an der Halde (in 25 m Tiefe). Jenseits der Halde liegt der „Hohe See". Dabei handelt es sich um ein internationales Gewässer ohne Grenzen. Hier wird die Fischerei grundsätzlich von allen Anrainerstaaten gemeinsam betrieben. Dabei gelten um den gesamten See im Wesentlichen dieselben Bestimmungen. Diese werden von der Internationalen Konferenz der Bevollmächtigten für die Bodenseefischerei (IBKF) beschlossen und jährlich neu festgelegt. Eine weitere wichtige Instanz ist die Internationale Gewässerschutzkommission für den Bodensee (IGKB) (Mürle et al., 2004).

Fischarten

Abramis brama (Linnaeus, 1758)
Damals: Blick[1], Brachsm, Brachsman, Bressme
Heute: Brachsme, Brachse, Blei

Alburnus alburnus (Linnaeus, 1758)
Damals: Agon, Lagen, Lagel, Louck
Heute: Laube, Ukelei

Anguilla anguilla (Linnaeus, 1758)
Damals: Al, Ael
Heute: Aal

Barbatula barbatula (Linnaeus, 1758)
Damals: Grundle, Grundel
Heute: Grundel, Schmerle

Barbus barbus (Linnaeus, 1758)
Damals: Barb, Barbe
Heute: Barbe

Blicca bjoerkna (Linnaeus, 1758)
Damals: Blick, Blieckt, Blieckte
Heute: Blicke, Güster

Chondrostoma nasus (Linnaeus, 1758)
Damals: Naß, Nase
Heute: Nase

Coregonus lavaretus (Linnaeus, 1758)

Damals: Felchenbläterlin[1], Seel[1], Stüb[2], Albele[2], Sandgangfisch[2], Felchlin[2], Felchen[3], Blauwling[3], Blawfelch[3], Balchen[3], Gangfisch[3], Wattfisch[3], Sandfelch[3], Adelfelch[3], Kirchlin[T]

Heute: Blaufelchen, Gangfisch, Kilch[T], Kropffelchen[T], Felchen, Renke, (Schweiz: Albeli, Balchen)

Cottus gobio (Linnaeus, 1758)

Damals: Gropp, Capito, Kopt

Heute: Groppe, Koppe

Cyprinus carpio (Linnaeus, 1758)

Damals: Setzling[1], Sproll[2], Karpff[3]

Heute: Karpfen

Esox lucius (Linnaeus, 1758)

Damals: Hecht

Heute: Hecht

Gobio gobio (Linnaeus, 1758)

Damals: Kresszling, Kress, Kreß

Heute: Gressling, Gründling

Leuciscus cephalus (Linnaeus, 1758)

Damals: Alant, Alat

Heute: Alet, Aitel, Döbel

Leuciscus leuciscus (Linnaeus, 1758)

Damals: Haselschossz[1], Häselin, Haßle, Schnotfisch

Heute: Hasel

Lota lota (Linnaeus, 1758)

Damals: Moserlin[J], Treüsch[A], Rufolck

Heute: Trüsche, Quappe, Rutte

Perca fluviatilis (Linnaeus, 1758)

Damals: Hürling[1], Stichling[2], Eglin[3], Reling[4], Bersich[4], Perch[4]

Heute: Kretzer, Egli, Barsch

Phoxinus phoxinus (Linnaeus, 1758)

Damals: Baut, Binßbaut, Pfell, Milling, Mülling

Heute: Pfrille, Elritze

Rutilus rutilus (Linnaeus, 1758)

Damals: Blieck[1], Rotäuglin[1], Schneyderfisch[1], Fürnlig[2], Fürn[3], Furn[3]

Heute: Rotauge, Plötze

Salmo trutta (Linnaeus, 1758)

Damals: Färhin, Bachfärhin[B], Schwäbfärhin[J], Grundfärhin[A], Goldfärhin[A], Sefärhin, Inlanck[G]

Heute: Forelle, Bachforelle[B], Schwebforelle[J], Grundforelle[A], Seeforelle

Salvelinus alpinus (Linnaeus, 1758)

Damals: Rötele, Rötling, Rote

Heute: Rötel, Saibling, Seesaibling

Scardinius erythrophthalmus (L., 1758)

Damals: Rott, Rottin

Heute: Rottel, Rotfeder

Silurus glanis (Linnaeus, 1758)

Damals: Wälin, Bälin
Heute: Waller, Wels

Thymallus thymallus (Linnaeus, 1758)

Damals: Kresszling[1], Knab[2], Iser[2], Aesch[3], Esch[3]
Heute: Äsche

Tinca tinca (Linnaeus, 1758)

Damals: Schlige, Schlyge, Schleyche
Heute: Schleie

Anmerkungen:

[1] = im ersten Jahr
[2] = im zweiten Jahr
[3] = im dritten Jahr
[4] = im vierten Jahr
[J] = Juvenil (nicht geschlechtsreif)
[A] = Adult (geschlechtsreif)
[G] = Abgelaicht (nach dem Laichen)
[B] = Bachform
[T] = Tiefenform

Die fehlenden Kleinfischarten (Bitterling, Karausche, Moderlieschen, Schneider, Strömer) wurden damals offensichtlich nicht unterschieden oder könnten in einigen Namen für Jungfische aufgegangen sein.
Die im Fischkalender und Fischgleichnis aufgeführten Arten (Selmling und Salm = Lachs, sowie Lempfrid und Berlin = Neunaugen) waren bzw. sind nicht Bestandteil der Fauna des Bodensees, sondern des Rheins unterhalb des Rheinfalls. Allerdings kamen und kommen im Bodensee auch Krebse vor.

Literatur

Duntze O., Rautenberg U., 2009: Der Neufund eines Inkunabel-Einblattdrucks mit einem Fischkalender und Fischgleichnis. Der wissenschaftliche Bibliothekar, 489-507.

Hakelberg D., 2009: Das Bodensee-Fischbuch von Gregor Mangolt in einem Basler Nachdruck von 1612. Wolfenbütteler Barock-Nachrichten, 36: 107-114.

Mangolt G., 1557: Fischbuch - Von der natur vnd eigenschafft der vischen. A. Gessner, Zürich. 72 Seiten.

Mürle U., Ortlepp J., Rey P., 2004: Der Bodensee: Zustand - Fakten - Perspektiven. IGKB, Bregenz. 176 Seiten.

Nettessem H. (Hrsg.), 1590: Fischbüchlin - Von Natur vnnd Eigenschafft der Fischen. H. Nettessem, Köln. 64 Seiten.

Ribi A., 1942: Die Fischbenennungen des Untersee-gebietes. Baublatt, Rüschlikon. 158 Seiten.

Schröter J. (Hrsg.), 1612: Ein schön New Fischbüchlein, von der Natur vnd Eygenschafft der Fischen. J. Schröter, Basel. 64 Seiten.

Singe J. (Hrsg.), 1610: Fischbüchlein - Von Natur Art vnd Eigenschafft der Fischen in gemein. J. Singe, Erfurt. 64 Seiten.

Fachwissen: aktuell – kompakt – umfassend

384 Seiten, ISBN: 3-902855-17-6

348 Seiten, ISBN: 3-902855-18-3

168 Seiten, ISBN: 3-902855-19-0

188 Seiten, ISBN: 3-902855-20-6

Im Buchhandel und bei: *AquaTech* www.aqua-tech.eu

Das Fischereibuch Maximilians I.
Faksimile und Transkription

Martin Hochleithner & Wolfgang Hohenleiter
Hardcover, 200 Seiten. ISBN: 978-3-902855-14-5

Das Fischereibuch Maximilians I. von Habsburg aus dem Jahre 1504, geschrieben vom Jagdschreiber Wolfgang Hohenleiter, ist eines der ältesten erhaltenen gebliebenen Bücher über die Bewirtschaftung von Fischgewässern in Tirol und Umgebung. Es ist selbst nach mehr als einem Halben Jahrtausend immer noch von Bedeutung und Interesse. Kaiser Maximilian I. war nicht nur ein großer Ritter und Herrscher, sondern auch ein begeisterter Jäger und Fischer. Unter ihm kam es zu intensiven Bemühungen um Besatz, Hege, und Nutzung der Fischbestände. Motiv für diese Maßnahmen war einerseits die Freude am Fischfang, andererseits die Nutzung der Fischbestände für die Verpflegung des Landesherren und seines Gefolges. Die vorliegende Wiedergabe des Fischereibuches von Maximilian I., herausgegeben von Fischereimeister Martin Hochleithner, beinhaltet sowohl die Faksimile als auch die Transkription des Originals, das sich heute in der Österreichischen Nationalbibliothek in Wien befindet. Das historisch wertvolle Buch ist nicht nur für Angler und Fischer interessant sondern auch für Biologen, Historiker und